LES
CHEVAUX
DE PUR SANG
EN FRANCE ET EN ANGLETERRE

PAR

E. HOUEL

PREMIÈRE PARTIE — (ANGLETERRE)

PARIS
AU BUREAU DU JOURNAL DES HARAS
RUE RAMEAU, 3

1839

LES CHEVAUX DE PUR SANG,

EN FRANCE ET EN ANGLETERRE.

PAR M. E. HOUËL.

1859.

1860

©

LES CHEVAUX DE PUR SANG

EN FRANCE ET EN ANGLETERRE.

⬥

AVANT-PROPOS.

Contenant quelques notions sur la formation du pur sang en Angleterre et son introduction en France. — But de l'Ouvrage et ses Divisions.

PREMIÈRE PARTIE. — ANGLETERRE.

Histoire des Chevaux orientaux qui ont formé l'espèce de Course anglaise.

Biographie des Étalons de pur sang les plus célèbres, nés en Angleterre.

Liste des vainqueurs du Derby, du Saint-Léger et des Oaks.

DEUXIÈME PARTIE. — FRANCE.

Histoire des Chevaux de pur sang arabes et anglais qui ont formé l'espèce de pur sang en France.

Biographie des Étalons de pur sang nés en France.

Liste des vainqueurs du Derby français, du grand Prix de Paris, du Derby de l'Ouest et du Derby du Midi.

Table des noms des Chevaux cités dans l'Ouvrage.

Table générale.

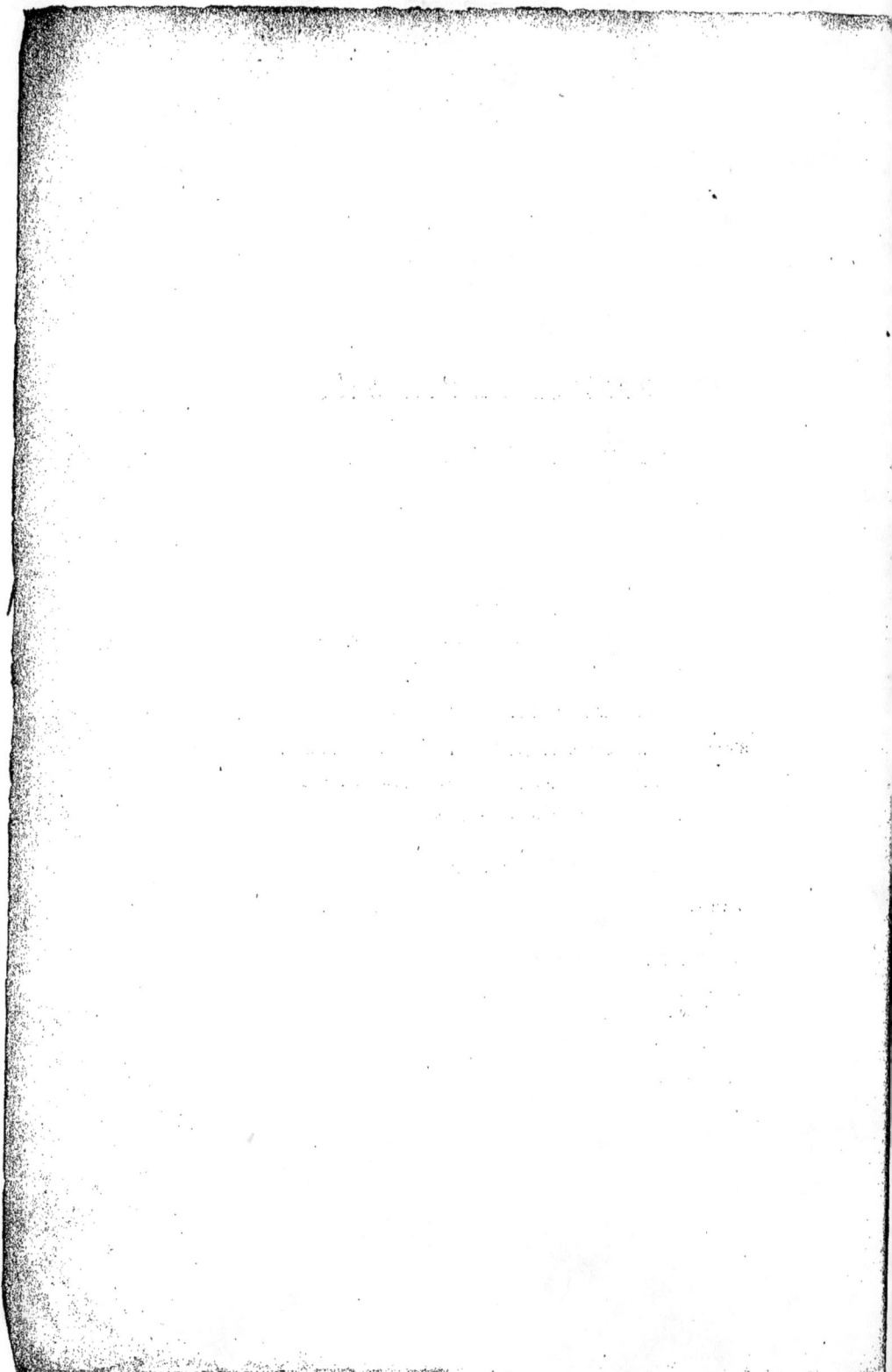

AVANT-PROPOS.

L'espèce de cheval d'hippodrome ou de pur sang appelé par les Anglais *Racer* ou *Thourough-Bred*, est encore toute récente ; elle s'est formée en Angleterre par suite de l'habitude des courses, dont l'origine remonte bien à la plus haute antiquité dans cette contrée, mais qui n'ont eu de règles fixes que dans le XVII° siècle, pendant les règnes de Charles Ier et de Charles II. A cette époque et depuis, l'importation d'un nombre considérable d'étalons et de juments d'Orient vint rajeunir le sang du cheval de course. C'est alors qu'on s'occupa activement de l'étude et de la pratique des généalogies ainsi que de la recherche des types supérieurs, que l'on apprit peu à peu à apprécier, suivant les qualités de vitesse et d'énergie qu'ils avaient déployées dans les luttes du turf ou qu'ils avaient transmises à leurs descendants. Les généalogies, d'abord spéciales à chaque éleveur, inscrites sur les registres des grooms, sur les vases donnés en prix de courses, entourées de mystères et trop souvent entachées d'erreurs et même de fraudes, finirent par se régulariser et entrèrent dans le domaine public. En 1750, on publia pour la première fois un livre spécial intitulé : *An Historical list of Horses matches.*

Le premier *Racing calendar* fut édité par John Cheney, un autre par Reginald Heber, en 1751, un troisième par John Gond, en 1752, — puis on ne trouve plus rien jusqu'en 1769, époque où reparut le *Racing calendar*, qui fut continué en 1770 et 1773. Enfin M. Weatherby publia le premier volume du Racing calendar général; et sa famille a conservé jusqu'à ce jour, à cet ouvrage, son habile concours et ses soins éclairés. Ce ne fut qu'en 1791 que parut le stud-book complet, *The général Stud-Book*, lequel n'a pas cessé de paraître depuis cette époque, et qui forme les archives ou plutôt l'*état civil* des chevaux de pur sang anglais.

Depuis cette époque, le titre de pur sang *thorough-bred* fut acquis à tous les chevaux portés au livre d'or de la race équestre, à l'exclusion de toute autre race européenne; mais ce livre reste toujours ouvert aux types purs orientaux dont la descendance conserve le privilége de s'y faire inscrire, ce qui, d'ailleurs, devient très-rare depuis la fin du siècle dernier.

Le *Racer* resta assez longtemps spécial à l'Angleterre, il fut un instant seulement, vers 1780, où la France tenta de se l'approprier; mais la révolution emporta tout, le progrès naissant s'en fut avec les vieilles gloires.

Depuis quelques années, le cheval de pur sang se répand peu à peu chez divers peuples du globe; la France, toutefois, qui l'a définitivement acclimaté depuis plus trente ans, marche de bien loin à la tête des nations qui ont su ravir et entretenir ce feu sacré. Cette année, 1859, le nombre des chevaux de cette espèce qui se trouvent en France, s'élève à plus de 1,500. — Plus des deux tiers du nombre total que renferment les trois royaumes d'Angleterre.

Les courses établies en France en 1807, lors de la réorganisation de l'Administration des haras, n'eurent pas tout d'abord un résultat satisfaisant, le *racer* leur manquait, et l'un est inséparable de l'autre; ce ne fut que vers 1820, date de l'introduction d'un certain nombre de chevaux de pur sang, que l'institution commença à être comprise; mais elle ne fut définitivement organisée qu'en 1832, époque où le gouvernement donna un grand développement aux jumenteries de ses établissements, fit acheter des types supérieurs qu'il plaça dans ses haras, et créa le *Stud-Book* français.

Le stud-book-français comprend :

1° Les chevaux inscrits au stud-book anglais;

2° Les chevaux d'Orient, d'un type élevé et consacré.

Il est donc établi sur les bases du stud-book anglais; il en forme une branche, une annexe; il émane des mêmes principes; il énonce les mêmes doctrines, il puise aux mêmes sources, il répond aux mêmes besoins. Le stud-book est l'indispensable *vade mecum* de tout habitué du turf, de tout éleveur intelligent. C'est beaucoup, mais ce n'est pas tout encore, la science des courses comme celle de l'élevage, consiste non-seulement dans l'étude du sang et de la famille, mais aussi dans celle des qualités spéciales de l'individu. C'est l'honneur des courses d'avoir fait comprendre l'épreuve des qualités, comme un des principes permanents d'amélioration de la race chevaline, et d'avoir constamment développé la progression de cet ordre d'idées en forçant à choisir de préférence les reproducteurs parmi les sommités de l'hippodrome.

Toutefois, comment dans une liste déjà longue de pères et de mères plus ou moins célèbres, peut-on reconnaître le genre, le mérite de chacun; comment suivre à travers le temps, ces lignées qui se subdivisent à l'infini et dont l'étude est cependant indispensable au turfiste pour le guider dans le choix de ses reproducteurs ou de ses élèves. On connaît bien par exception quelques-uns des plus fameux héros; quelques familles historiques dont il est convenu de dire : *C'est du meilleur sang d'Angleterre!* On trouve çà et là, dans les auteurs anglais, l'histoire des vainqueurs ou des pères les plus renommés, mais il manque un ouvrage spécial qui prenant la race pure à son début, et embrassant toutes les illustrations qu'elle renferme, arrive par ordre chronologique jusqu'à nos jours, en faisant connaître non-seulement les qualités, le genre, le mérite, la conformation, les défauts de chaque cheval un peu marquant, mais encore le genre d'élevage et les conditions particulières qui ont favorisé le développement de sa vitalité, ou ont, au contraire, détruit chez lui les germes favorables dont il était doué. — Il manque un ouvrage qui offre à l'éleveur et à l'amateur consciencieux, le moyen d'apprécier et de comparer les causes et les résultats, de juger de l'avenir par le passé, de reculer enfin les bornes de la science encore très-conjecturale du turf. Cet ouvrage n'existe pas, et c'est cette lacune que nous avons tenté de combler en offrant à la méditation des éleveurs, la biographie chronologique des plus fameuses célébrités de l'espèce anglaise de pur sang.

Quant aux doctrines plus ou moins discutables qui entourent encore d'une auréole incertaine la question du pur sang anglais, nous ne nous en occuperons pas ici. Depuis que ce cheval est sorti du milieu où il s'est formé, et où il avait sa raison d'être, l'horizon s'est agrandi pour lui, et le temps apprendra à cet égard ce qu'il serait peut-être trop ambitieux de vouloir juger actuellement. On peut se demander, en effet, quel sera l'avenir du pur sang anglais? Se conservera-t-il sans dégénération, ou sans modification? Le regarde-t-on comme fixé, et depuis quelle époque? Si, au contraire, on croit à des modifications, le sang arabe ou oriental doit-il être employé pour les prévenir? Peut-on retrouver à notre époque des types arabes aussi parfaits et aussi puissants que ceux qui formèrent la branche anglaise, ou faut-il admettre, avec quelques auteurs, la dénomination de *vieux sang* et de *sang nouveau*, et croire que le dernier souffle des chevaux du prophète est désormais, et pour l'éternité, scellé dans la tombe des arabes Darley et Godolphin? — Le pur sang anglais peut-il, sans dégénérer et se modifier, être exporté par toute la terre, sous toutes les zones et dans toutes les conditions locales et atmosphériques; et, s'il en est autrement, quels sont les climats et les latitudes qui lui conviennent le mieux? Quelles sont enfin les contrées où il peut s'améliorer, se maintenir ou se détériorer? Ces questions sont d'un grand intérêt sans doute, mais elles sortent du cadre que nous nous sommes tracé; nous ne cherchons aujourd'hui qu'à rendre compte des faits positifs qui s'appliquent à chaque cheval, à chaque famille, et nous aurons rempli notre but si l'ouvrage que nous offrons au lecteur peut servir à éclairer l'opinion sur les questions dont nous avons parlé et sur toutes celles qui s'y rattachent. Ce sera le premier mot de la solution logique que l'avenir est appelé à formuler sur une des branches les plus importantes de la science hippique.

Ce livre n'est d'ailleurs qu'une compilation, et il s'en honore : l'histoire ne s'invente pas, elle se transmet. Ce qu'on peut dire de mieux en sa faveur, c'est que c'est moins l'œuvre de l'auteur que l'œuvre de tous les hommes de cheval, tant anglais que français, qui depuis deux cents ans ont écrit sur cette matière. Toute l'invention est dans la méthode, tout le mérite dans la patience. J'ai réuni, classé et mis par ordre chronologique, tous les renseignements et documents relatifs aux chevaux dont l'histoire est comprise dans le présent traité; je ne peux espérer d'avoir complétement réussi, mais si le but n'est pas atteint, le voile est soulevé et la route est ouverte aux plus habiles.

Il me reste maintenant à citer nos autorités.

J'ai consulté les ouvrages anglais, principalement l'histoire de Lawrence, le traité intitulé : *The Horse*. Les Stud -book anglais et français, le *Racing Calendar*, les collections du *Sporting Magasin* et du *Bell's Life*; je dois aussi des renseignements pleins d'intérêt à M. Watherby et à d'autres sportmen anglais. J'exprime ici toute ma reconnaissance à mes camarades de l'Administration des Haras, ainsi qu'à M. Edgard de Baracé, un de nos plus sérieux éleveurs français, et à M. Charles du Hays, qui m'ont fourni les notes les plus intéressantes sur les chevaux qu'ils ont été à même de connaître, et qui m'ont aidé de leurs lumières et de leur judicieux concours.

Enfin, j'ai vu par moi-même tous les étalons de quelque mérite qui, depuis trente ans, se sont fait un nom, soit en Angleterre, soit en France, et depuis plus de dix ans, je m'occupe de collectionner les documents qui ont servi à la composition de ce travail.

J'ai divisé l'ouvrage en deux parties : la partie anglaise et la partie française. La partie anglaise comprend trois subdivisions :

1° La nomenclature des étalons orientaux qui ont formé la race pure anglaise et l'histoire des principaux d'entre eux ;

2° L'histoire biographique des étalons les plus célèbres nés en Angleterre, et qui ont marqué dans les généalogies ;

3° La liste des vainqueurs du Derby, du Saint-Léger et des Oaks.

La partie française comprend aussi trois subdivisions :

1° La liste et la biographie des étalons de pur sang orientaux et de pur sang anglais qui ont formé les branches de pur sang français ;

2° La biographie des étalons de pur sang nés en France ainsi que des notes sur leur élevage, leur conformation, les services qu'ils ont rendus à la production ;

3° La liste des vainqueurs du Derby français, du grand prix de Paris et des Derbys de l'Ouest et du Midi.

Cet ouvrage, qui n'est autre chose qu'un stud-book raisonné, sera continué tous les cinq ans. La nouvelle partie comprendra tous les faits intéressants qui se seront produits sur chaque individualité nouvelle, ainsi que les rectifications qui auraient pu être jugées nécessaires.

Je dois ajouter, en renouvelant ici l'expression de ma vive gratitude aux personnes qui m'ont aidé dans les recherches des documents dont j'ai fait usage, que j'assume cependant sur moi seul toute responsabilité à l'égard du jugement émis dans les parties spéculative et théorique. Je réclame d'ailleurs une indulgence large et vraie pour les fautes et les négligences inséparables d'un travail si long, d'une exécution si minutieuse et si pleine de détails.

J'engage toutes les personnes qui découvriraient des modifications à faire, ou des erreurs à rectifier, à vouloir bien me les signaler, promettant d'en tenir bon compte dans les volumes qui suivront.

PREMIÈRE PARTIE. — ANGLETERRE.

DES CHEVAUX ORIENTAUX QUI ONT FORMÉ L'ESPÈCE DE PUR SANG EN ANGLETERRE.

De tout temps les nations européennes ont eu recours au sang orintal pour retremper leurs races chevalines. Dans les époques celtiques et romaines, les peuples de la Gaule faisaient venir des étalons numides et celtibères pour l'entretien de leurs haras. Les croisades peuplèrent les écuries de France et d'Angleterre d'un nombre prodigieux de chevaux arabes, dont les Anglais surtout, amateurs passionnés de la chasse et des exercices équestres, conservèrent précieusement la descendance. Lorsque les courses commencèrent à se régulariser, l'espèce légère qui y était spécialement consacrée, fut croisée par tous les genres de chevaux méridionaux, ceux de l'Orient proprement dit et ceux du midi de l'Europe, L'Égypte, La Syrie, la Perse, la Turquie, la Barbarie, l'Espagne, la Lombardie, même la Hongrie et la Dalmatie furent mises à contribution, et les races de ces contrées imprimèrent à la famille anglaise ce cachet d'énergie et de vitalité qui depuis longtemps lui fait une renommée universelle.

Toutefois, malgré ces introductions diverses, le sang barbe et arabe conserva par tradition la prééminence, et les chevaux et juments de cette espèce importés sous le règne et par les ordres de Henri VIII, doivent être comptés comme le véritable point de départ du cheval de course anglais.

Sous le règne d'Élisabeth, le cheval barbe était spécialement en faveur, il était chaudement recommandé par un auteur de cette époque, Blundeville, comme le plus propre à croiser les juments de chasse et de course, à cause de *sa légèreté et de son courage*. Au reste, et c'est une observation importante à faire ici, il ne faut presque jamais faire attention au nom et à l'origine assignés aux chevaux orientaux qui ont formé le pur sang anglais. Ils prenaient le plus souvent le nom de leurs possesseurs ; on disait : l'arabe de M. un tel ou de lord un tel, le barbe de Sir un tel. Quant à la race, c'était le plus souvent la mode qui en décidait. Quand la vogue était au cheval barbe, tous les chevaux étaient barbes ; quand elle était au cheval arabe, tous les chevaux venaient d'Arabie. Les vendeurs mêmes ignoraient la plupart du temps la provenance de leur marchandise, et nommaient l'animal du nom du pays où le hasard le leur avait fait rencontrer. Ainsi, un cheval acheté en Turquie, s'appelait *le Turc*, quoiqu'il vînt d'Arabie, d'Égypte ou de Barbarie, et la plupart des chevaux qui portent dans les généalogies anglaises la désignation d'arabes ou de barbes, sont des chevaux orientaux dont on ignore la véritable origine. Nous verrons plus loin que le même cheval s'appelait indifféremment *Compton-Barb* ou *Sedley-Arabian*, et que l'étalon de sir William, appelé *William's-Turk*, portait aussi le nom de *Honey-Wood's-Arabian*.

Pendant longtemps le choix des chevaux de course se fit en Angleterre, moins d'après leur sang et les généalogies souvent trompeuses et peu régulières, que d'après la conformation et l'essai personnel des qualités de l'individu lui-même. Il fut un instant où l'opinion se partagea sur l'utilité de recourir au sang oriental, et par un singulier rapprochement avec ce qui se passe maintenant, on en vint même à penser généralement que les chevaux anglais de l'époque, bien que venant originairement de chevaux orientaux, valaient mieux pour les courses que les produits directs des chevaux nouvellement importés. Les chevaux désignés sous le nom de Barbes, par exception, conservèrent un certain prestige, mais le cheval *arabe* fut totalement mis à l'index. Celui que fit acheter Jacques Ier, et qui est inscrit au stud-book comme le premier arabe reconnu pour tel, fut fort négligé et compte peu dans les généalogies.

Le duc de Newcastle, dans son *Traité d'équitation*, le représente comme un petit cheval de poil bai, d'une médiocre conformation. Il ne lui accorde aucune qualité, parce que, dit-il, *ayant été entraîné, il ne pouvait courir et était battu par tous les chevaux qui luttaient contre lui.*

Le noble duc prend texte de là, pour s'inscrire en faux contre ces histoires, si souvent répétées, des grandes qualités attribuées aux chevaux arabes. Béranger est de l'avis du duc de Newcastle, mais Lawrence combat cette opinion; malgré la haute réputation de ces deux auteurs comme écuyers, il ne leur reconnaît pas un grand mérite comme turfistes. *Les chevaux orientaux*, dit-il, *peuvent ne pas courir eux-mêmes, et produire cependant d'excellents coursiers.*

Lawrence a raison, le cheval d'Orient brille par son fond, sa tenue, sa vitalité, sa bonne constitution, — toutes qualités qui sont *des causes;* — la vitesse n'est qu'un *résultat.*

Quoi qu'il en soit, que l'opinion du duc de Newcastle ait influé sur le public ou que véritablement les chevaux arabes importés à cette époque, fussent de peu de mérite, cette race ne reprit faveur qu'après les succès du célèbre Darley's-Arabian, dont nous parlerons en son lieu.

Les premiers chevaux orientaux dont le nom et la descendance soient connus, se rapportent aux règnes de Jacques Ier et de Charles Ier, son fils. C'est sous le règne de ces princes que les courses commencèrent à se régulariser; le protecteur Cromwel encouragea de son côté cette institution et fit courir lui-même plusieurs chevaux.

Les étalons orientaux de cette époque, les plus en réputation, furent les suivants :

ARABIAN.

Le premier cheval arabe dont le stud-book anglais fasse mention est un cheval acheté par le roi Jacques Ier à un marchand nommé Markam, pour le prix de 500 livres sterling, somme considérable pour le temps, et qui prouve combien à cette époque les intérêts de l'amélioration préoccupaient le gouvernement d'Angleterre. Ce cheval était bai, d'une petite taille et d'un mérite contesté. Si quelques-uns lui attribuèrent des qualités et lui firent honneur de quelque influence dans la création du pur sang anglais, d'autres, et en tête le célèbre duc de Newcastle, le regardent comme un cheval très-inférieur.

PLACE'S-WITHE-TURK.

Ce cheval est un des plus anciens compris au stud-book anglais, il appartenait à M. Richard Place, chef des écuries d'Olivier Cromwell pendant son protectorat. Ce cheval était sûrement arabe, quoiqu'il ne soit pas désigné comme tel, et il est hors de doute qu'il n'appartînt aux premières races du désert, comme le prouve le mérite de sa descendance. Il fut père de Wormwood, de Commoner et de plusieurs juments poulinières d'un grand prix, parmi lesquelles on cite les G. G. mères de Wyndham, de Grey-Ramsdem, de Cartouch. On cite encore parmi ses filles, la jument Coffin-mare, ainsi appelée, parce que, dit-on, elle avait été cachée sous une voûte sépulcrale, pendant les troubles qui suivirent la mort de Cromwel, ou plutôt parce que dans les premiers moments de désordre qui précédèrent la restauration des Stuart, elle avait été attelée à un corbillard.

MOROCCO-BARB.

Ce cheval fut importé en Angleterre par le général lord Fairfax. Ce fut un de ceux qui influèrent le plus puissamment sur la création du pur sang en Angleterre. Il se trouve avec le précédent à la tête des plus anciennes généalogies comprises au stud-book. Ce fut sous le règne de Charles II qu'eut lieu l'importation la plus considérable et la plus influente dans la formation du pur sang. Les écuyers sir Christoph Wyvill et sir Georges Fenwick parcoururent l'Orient et en ramenèrent un grand nombre d'étalons dont nous citerons les principaux, ainsi que plusieurs juments connues dans le langage du turf sous le nom de *Royal-mares*; et qui se trouvent en tête de toutes les généalogies. On sait que Charles II avait épousé une princesse portugaise qui lui apporta en dot Tanger en Mauritanie; ce fut une occasion pour lui de faire venir du territoire de cette ville et de ses environs, des étalons et des juments barbes dont il peupla toutes les provinces d'Angleterre. A l'exemple du prince, la noblesse des Trois-Royaumes prodigua l'or et les soins pour acquérir des chevaux d'Orient. En ce temps-là on travaillait encore pour son honneur et la gloire de son pays.

Voici les noms des étalons orientaux les plus fameux de cette époque.

HELMSLEY-TURK.

Ce cheval, d'après l'auteur du *The Horse*, avait été introduit en Angleterre par Williers, premier duc de Buckingham, favori de Jacques Ier; mais d'autres auteurs ont réfuté cette opinion en démontrant que son introduction en Angleterre était au moins postérieure de vingt ans à l'époque qui lui était assignée. Il y a sans doute à cet égard quelque erreur de nom que nous n'essayerons pas de découvrir. Il suffira de savoir que ce cheval remonte à l'origine du turf anglais, et qu'il obtint quelques succès. Il fut père de Bustler, de Royal-Colt et de plusieurs autres bons chevaux; toutefois son mérite est contesté, et il est certain que sa réputation n'a pas atteint celle de plusieurs autres chevaux de son époque.

DODSWORTH.

Ce cheval, placé au nombre des chevaux d'Orient par les auteurs anglais, était né en Angleterre, mais il était fils d'une Royal-mare. Cette jument était arrivée pleine en Europe, et mit bas peu de jours après son arrivée. Après la mort du roi elle fut vendue 40 guinées, quoique âgée de vingt ans : elle était alors pleine par Helmsley-Turk, et son produit fut Vixen, mère de Old-Child-mare.

Dodsworth est regardé comme un des meilleurs pères de son époque.

TAFFOLET-BARB.

Ce cheval fut, dit-on, ramené du siége de Bude avec Chillaby et Lister-Turk par le duc de Berwick. Il y a tout lieu de croire que c'était un arabe d'un sang très-pur; ses produits, quoique peu nombreux, se font remarquer par leur mérite en tête des généalogies.

BARB–CHILLABY.

Quoique ce cheval ait marqué avec avantage dans les anciennes généalogies anglaises, il est plus célèbre par sa férocité, et le *chat* qu'on lui avait donné pour compagnon, que par ses produits. C'est lui qui a donné la vogue à l'habitude de mettre des chats dans la boxe de quelques étalons, tels que Godolphin, et de nos jours, Camel et plusieurs autres. C'est d'ailleurs un assez bon usage qui, entr'autres avantages, a celui de donner de la distraction au cheval.

OGLETHORPE.

Ce cheval cité par Lawrence, était arabe et fut acheté en Géorgie par le général sir Thomas Oglethorpe. On ne sait rien de sa descendance, et cependant c'était un cheval fort considéré. Il est probable qu'il fut employé spécialement à la production du cheval de chasse.

THE-BYERLEY-TURK.

C'était le cheval de guerre du capitaine Byerley, en Irlande et dans la guerre d'Écosse, années 1689 et suivantes. Ce cheval, qui venait d'Orient, appartenait à la race la plus pure du désert. La description qui en reste nous le montre sous l'aspect du type kohël le plus parfait; aussi, quoique n'ayant eu qu'un petit nombre de juments, il est un des principaux pères de la race pure anglaise. Il fut père de Sprite, au duc de Kingston, lequel fut presqu'aussi bon que Leedes, — de Black-Hearty et d'Archer, au duc de Rutland ; de Basto, au duc de Devonshire ; de Grasshopper, à lord Bristol ; de Byerley (hongre), à lord Godolphin ; — d'Holloway's-Jigg, cheval de taille médiocre, qui fut père de Partner, et de Knigthley's-mare, très-belle jument, etc.

STRADLING OU LISTER-TURK.

Ce cheval venait encore du siége de Bude, et comme Chillaby et Taffolet, il avait été ramené par le duc Berwik ; c'était, ainsi que les deux autres, un arabe du Désert du plus haut mérite ; sa descendance ne laisse aucun doute à cet égard. Il fut père de Snake, de Brick, de Piping-Peg, de Coneyskins, de la mère de Hip et de la grand'mère de Balton-Sweepstakes.

LAYTON-BARB.

Ce cheval, sur le compte duquel on a peu de renseignements, venait de Barbarie ; il se trouve à l'origine de beaucoup de généalogies.

WHITE-LEGGED-LOUTHER.

Ce cheval, un des plus fameux du règne de Jacques II, était barbe et sans doute d'une excellente origine ; il produisit plusieurs bons chevaux cités dans les vieilles généalogies.

On cite encore, avant 1700, plusieurs chevaux orientaux dont les noms suivent :

WILKINSON'S-GREY-ARABIAN, — WILKINSON'S-TURK, — WILKINSON'S-BARB, — DEVONSHIRE-ARABIAN, — WHYNOT OU RIDER'S-CHESNUT-BARB.

Les règnes de Guillaume et de la reine Anne, de 1688 à 1714, virent encore l'introduction d'un grand nombre de chevaux orientaux. Nous citerons parmi les principaux :

The-Darcy's-White-Turk.

Ce cheval, d'origine arabe et du meilleur sang du désert, était la propriété de lord Darcy; il fut père du vieux Hautboy, de Grey-Royal, de Cannon et de plusieurs autres bons chevaux. Son sang se retrouve dans un grand nombre de généalogies.

The-Darcy's-Yellow-Turk.

Ce cheval, comme le précédent, était arabe et appartenait à lord Darcy; il fut père de Spanker, de Brimmer et de la G. G. mère de Cartouch.

Curwen's-Bay-Barb.

Ce cheval avait été offert au roi de France Louis XIV par le roi de Maroc, Muley-Ismaël, il fut conduit en Angleterre par M. Curwen, qui se trouvait en France pendant que le comte de Byram et le comte de Toulouse étaient, le premier, grand écuyer de France, et le second, grand amiral. M. Curwen acheta de ces princes deux chevaux qui se sont montrés excellents étalons et qui se sont fait l'un et l'autre une grande réputation sous les noms de Curwen-Bay-Barb et de Toulouse-Barb.

Curwen-Bay-Barb fut père de Brocklesby, très-bon cheval, de Mixbury-Galloway et de Tantroy, tous deux excellents poneys. Le premier de ceux-ci surtout était d'une très-petite taille, et cependant il n'y avait que deux chevaux seulement, de son temps, qui pussent le battre à un léger poids. Bay-Barb produisit encore une foule d'excellents chevaux de grande et de petite taille, ainsi que des poulinières renommées, dont l'énumération serait trop longue, et qui obtinrent beaucoup de succès sur les hippodromes et principalement dans les courses du Nord. C'est un des chevaux qui ont le plus marqué dans la production du pur sang et du demi-sang. Il ne couvrit guères d'ailleurs que les juments de M. Curwen et de M. Pelham.

THOULOUSE-BARB.

Comme nous l'avons dit à l'article précédent, ce cheval fut ramené de France par M. Curwen et ensuite cédé par celui-ci à M. J. Parsons; il fut père de Bagpiper, de Blacklegs, de Molly et de la mère de Cinnamon.

Les auteurs anglais s'accordent à faire grand cas de ce cheval, qui joignait au sang le plus parfait la plus riche conformation; c'est un de ceux qui ont marqué le plus puissamment dans les généalogies.

St-VICTOR's-BARB.

Ce cheval fut père de Bald-Galloway et de plusieurs autres bons chevaux. Les auteurs anglais le citent parmi les meilleurs qui aient jamais été introduits en Europe.

HUTTON-GREY-BARB.

Ce cheval fut donné à M. Hutton par le roi Guillaume, en 1700. Il fut père d'excellents chevaux, remarquables surtout par leur fond et leur tempérament.

HUTTON's-BAY-BARB.

Ce cheval est connu aussi sous le nom de Mulso-Turk; c'est un des exemples du doute qui existe sur la provenance de plusieurs chevaux de ces époques. — Était-il barbe ou arabe? Quoi qu'il en soit, il est cité par les auteurs anglais comme un des meilleurs reproducteurs qui soient en Angleterre.

AKASTER-TURK.

Ce cheval était arabe, et son origine remontait aux races des plus pures du Désert; son sang se retrouve dans un grand nombre de généalogies, et principalement dans plusieurs familles importées en France. On cite parmi ses fils Chanter, qui figura avec honneur dans les courses de York de 1715.

Of-Bloody-Buttocks.

On n'a rien pu découvrir dans les papiers de M. Crofts sur ce cheval, disent les auteurs anglais, si ce n'est que c'était un arabe gris avec une marque *rouge* sur la hanche, d'où lui est venu son nom. Il paraît cependant que ce cheval était d'une très-haute origine, car il a beaucoup marqué dans les généalogies.

The-Darley-Arabian.

Ce cheval doit être regardé comme le second en célébrité de tous les chevaux orientaux qui sont venus en Angleterre, car, en matière de courses, l'arabe Godolphin doit être regardé comme le premier. — Il appartenait à M. Darley, dont la famille habite encore à Alrby-Grange, entre York et Malton. Il venait d'Alep et appartenait au plus beau type arabe, à la race pure kohël dont il était un des modèles les plus parfaits. D'après son pedigree, il était né dans le désert de Palmyre et provenait de la fameuse tribu des Anezé. Il ne fallut rien moins que le mérite de ce cheval à l'époque où il parut, pour rétablir la réputation du cheval arabe, qui avait beaucoup souffert depuis la défaveur jetée sur cette race par le duc de Newcastle, dont l'opinion faisait loi en ces matières. Mais à partir des succès obtenus par les produits de l'arabe de M. Darley, il ne fut plus question en Angleterre que du cheval arabe; on en acheta de toutes parts, et au lieu de cette appellation la plupart du temps, fausse ou déguisée, de *turk* ou de *barb*, jointe au nom du propriétaire, on retrouve celle d'*arabian* quelquefois fausse à son tour, comme nous le verrons plus loin à propos de Godolphin-Arabian et de quelques autres. La mode se fourre partout !

Malheureusement Darley-Arabian ne fut donné qu'à un petit nombre de juments, et la plupart d'entre elles n'étaient

point de pur sang; c'est la seule cause qui le rende inférieur
à Godolphin auquel il est peut-être supérieur par le mérite de
ses produits

Darley-Arabian eut pour fils:

Childers, Cupid, Brisk, Dédale, Dart, Skipjack, Manica,
Aleppo, Almanzor et un frère de celui-ci. — Tous ces chevaux, à l'exception du frère d'Almanzor, qui fut blessé jeune,
furent de très-bons chevaux de course, et plusieurs se sont
montrés excellents reproducteurs; mais sa gloire principale
est d'avoir été en ligne directe l'aïeul d'Éclipse. En effet, son
fils Bartlet's-Childers, était père de Squirt, lequel fut père de
Marske, père du fameux cheval aux jambes blanches.

SELABY-TURK.

Ce cheval portait aussi le nom de The-Marshall, par ce
qu'il appartenait au père de M. Marshall, chef des écuries
du roi Guillaume, de la reine Anne et de Georges Iᵉʳ. C'était
un étalon d'un grand mérite, très célèbre dans les généalogies.
Il fut père de Curwen-old-Spot, de la mère de Windham, de
celle de Derby-Ticklepitcher et de la G. G. mère de Bolton-
Sloven et de Fearnought.

GREY-HOUND.

Ce cheval était fils de Chillaby et de Slugley, il naquit en
Barbarie; le père, la mère et le poulain furent achetés par
M. Marshall, grand écuyer d'Angleterre, en même temps que
la jument barbe Moonak et le cheval barbe Blanc. Grey-Hound
fut père d'Othello, de White-Foot, d'Onyx, de Raske, de
Sampson, de Goliath, de Favori et d'autres excellents chevaux.
Parmi ses filles on cite surtout Desdemona; mais plusieurs
autres sont citées parmi les meilleures juments de leur
époque.

Grey-Hound joignait au sang le plus parfait une grande
taille, beaucoup de force et de gros et une riche conformation

d'étalon, avantages qu'il devait peut-être au climat dans lequel
il avait été élevé. C'est un des chevaux qui ont le plus contribué au perfectionnement de la race de pur sang anglaise.

The-Holderness, Turk.

Ce cheval fut importé par sir Robert Sulton, ambassadeur
de la reine Anne, à Constantinople; il venait du désert d'Arabie, et s'est montré très-bon reproducteur.

Crofts-Bay-Barb.

Ce cheval était fils de Chillaby et de la jument barbe Moonak.
Il s'est montré bon reproducteur.

Bethell's-Arabian.

On a peu de renseignements sur ce cheval, on sait seulement que c'est un de ceux qui se sont le plus signalés par leur
descendance.

Les autres chevaux orientaux de cette époque furent les
suivants :

Burton – Barb. — The-Darcy-Chesnut-Turk. — Vernon-
Arabian. — Cockerell-Arabian. — Cole-Barb. — Leeds's-
Arabian. — Cyprus-Arabian. — Shaftsbury-Turk. —
Wastel-Turk. — Lambert-Turk. — Curven-Chesnut-
Arabian. — Conyers-Arabian. — Brownlow-Turk. —
Grey-Lonsdale-Arabian. — Hutton-Bai-Turk. — Corn-
walis-Arabian. — Harpur-Arabian. — Harpur-Barb. —
Ballet-Arabian.

La vogue donnée au croisement avec le cheval étranger
par le succès des produits de Darley's-Arabian et de quelques
autres, continua pendant les règnes de Georges Ier et de
Georges II, et un grand nombre d'étalons orientaux furent
introduits en Angleterre de 1714 à 1730. — Nous citerons
parmi ceux qui se sont fait un nom dans l'histoire du turf :

Alcook-Arabian.

Ce cheval fut un des plus beaux et des plus précieux types importés d'Arabie, il joignait à la force ia plus riche conformation. Il fut l'origine d'un grand nombre de bonnes familles chevalines. Mais sa gloire principale est d'avoir été père de Crab, le meilleur cheval de son époque. La mère de Crab, Basto-mare, était du sang de Curwen-Bay-Barb.

The-Belgrade-Turk.

Ce cheval fut pris au siége de Belgrade, par le général Merci et envoyé par lui au prince de Craon, celui-ci en fit présent au piince de Lorraine. Enfin il fut acheté par sir Marmaduke-Wywill et mourut chez lui environ l'an 1740. — C'était un cheval fort remarquable, qui donna d'excellents produits, bien qu'il n'ait pas eu de remarquables juments.

Honey-Wood's-Arabian.

Ce cheval est compté par les auteurs anglais parmi les meilleurs types du sang oriental, son nom est inscrit dans les meilleures généalogies.

Lonsdale-Bay-Arabian.

Ce cheval est un de ceux qui se sont le plus signalés par leur descendance.

Pulleine's-Chesnut-Arabian.

Ce cheval a beaucoup d'importance dans les généalogies, son origine était excellente, il appartenait à la plus pure race du Désert.

Stamford-Turk.

Ce cheval fut père d'excellents chevaux, entre autres de la

jument Aura, mère de Juno, grand' mère de Weathercock. C'était un cheval arabe d'un type excellent.

WOODS-TOCK-ARABIAN.

Ce cheval, qui appartenait à sir William Woodstock, était un étalon de mérite, mais qui a été croisé plus souvent avec le demi-sang qu'avec le pur sang.

PIGOT'S-TURK.

Ce cheval appartenait à sir A. Mostyn, c'était un barbe de poil bai, qui plus tard fut appelé Pigot's-Turk. Il a laissé quelques bons produits.

Voici les noms des autres chevaux orientaux de l'époque :

RICHARD'S-ARABIAN. — BROOK'S-ARABIAN. — BLOODY-SHOUTDE-RED-ARABIAN. — CROFTS-EGYPTIAN. — CHESNUT-LISTON-ARABIAN, — CLIFTON-ARABIAN. — CARLISLE-BARB. — DAR-CY'S-ARABIAN. — GRESLEY'S-GREY-ARABIAN. — HAMPTON-COURT-CHESNUT-ARABIAN. — HILLSBOROUGH-TURK. — HALES'S-TURK. — HOWE'S-PERSIAN. — HUTTON-WHITE-TURK. — HAMPTON-COURT-ON-EYED-GREY-ARABIAN. — HAMPTON-COURT-GREY-ARABIAN. — KING-WILLIAM-NO-TONGUD-BARB. — LEXINGHTON-ARABIAN. — LISTON-ARABIAN. — LORD-CAR-LISLE-BARB. — PELHAM-ARABIAN. — MATHEW-PERSIAN. — MORGAN'S-ARABIAN. — MORGAN'S-BLACK-BARB. — MORGAN'S-GREY-BARB. NEWTON'S-BAY-ARABIAN. — NEWCASTLE-TURK. — ORFORD-DUN-ARABIAN. — PAGETT-TURK. — RUTLAND-BLACK-BARB. — RUTLAND-TURK. — ROAN-BARB. — SULTON'S-GREY-ARABIAN. — STANZAN'S-ARABIAN. — WYNN-ARABIAN. — WIDDRINGTON-GREY-ARABIAN. — WILLIAM'S-ARABIAN. — CLISTON-ARABIAN. — FENWICK'S-BARB. — HALL-ARABIAN.

Après l'énorme introduction de chevaux orientaux qui avait eu lieu sous les règnes précédents, le goût du cheval étranger se ralentit un peu vers l'avénement de Georges III, les succès des fils de Darley-Arabian, étaient devenus de l'histoire ancienne, et le mérite des étalons acclimatés depuis plusieurs générations trouvait déjà des prôneurs absolus qui, comme cela a lieu depuis la fin du siècle dernier, pensaient que le sang oriental n'avait plus rien à faire dans l'amélioration *du racer anglais* que son rôle était fini et que le pur sang était désormais fixé. Cependant nous allons voir apparaître un étalon fameux, dont le mérite ne fut reconnu que par hasard et qui pendant un demi-siècle rendit au sang arabe toute sa prépondérance, jusqu'à ce qu'enfin il fut complétement abandonné comme nous le dirons.

Nous allons donner quelques renseignements sur les chevaux les plus fameux de cette nouvelle période, qui comprend à peu près une trentaine d'années, depuis 1730 jusqu'en 1760.

GODOLPHIN-ARABIAN.

Ce cheval célèbre entre tous a, comme les grands hommes des temps anciens et modernes, sa mystérieuse légende. Son berceau est couvert d'un nuage. D'abord, était-il *arabe* ou *barbe*? son nom et certaines traditions semblent lui attribuer la première origine, mais les documents les plus authentiques et surtout le portrait conservé au château de Gog-Magog, et dû au pinceau du fameux peintre Stubbs, ne laissent aucun doute que ce cheval ne fût un barbe de la race la plus pure. Cette force d'arrière-main, cette poitrine profonde, ce garrot élevé, cette tête légèrement busquée et terminée par une bouche fine qui pouvait *boire dans un verre*, comme disent les anciens écuyers, enfin et surtout cette encolure beaucoup trop forte et presque monstrueuse, attribut spécial des vieux étalons de sang numide, sont autant de traits qui nous rangent à l'opinion généralement accréditée que Godolphin-Arabian était un cheval africain. On a dit aussi, sans preuves complètes il est vrai, mais aussi sans contradictions suffisantes, que ce cheval avait d'abord été amené de Barbarie en France par des gens qu'on soupçonne de l'avoir volé; qu'il fut acheté pour les

écuries du roi, et qu'ayant été réformé il fut longtemps employé
à traîner les charrettes dans les rues de Paris. Cette histoire
qui ne fait pas honneur à nos ancêtres, a malheureusement
d'autant plus de chance de probabilité, que si maintenant un
nouveau Godolphin se présentait, il serait certainement aussi
peu apprécié que son devancier ; les preuves ne manqueraient
pas à l'appui de notre dire. N'est-ce pas hier encore que Gigès,
père de Royal-Quand-Même et de Dame-de-Cœur, a été vendu
au marché aux chevaux ? Nous en passons et des meilleurs!
Quoi qu'il en soit, toujours d'après cette donnée, ce pauvre
cheval fut tiré de son ignoble condition par un certain M. Coke
qui le conduisit en Angleterre et en fit présent à M. Williams,
propriétaire du café Saint-James, lequel à son tour l'offrit au
comte Godolphin.

En 1731, ce cheval n'avait encore aucune réputation, il
servait de boute-en-train au haras de Grog-Magog, on lui donna
par hasard la jument Roxana dont elle eut un poulain qui
devint le fameux *Lath*, l'un des plus beaux et des meilleurs
racers de l'époque.

A partir de cet instant la célébrité de Godolphin comme
étalon, ne fit que s'étendre chaque année jusqu'à sa mort, qui
arriva en 1753 ; il avait alors 29 ou 30 ans.

Godolphin fut père de Lath, de Cade, de Babraham, de
Regulus, de Bajazet, de Tarquin, de Sultan, de Dormouse,
de Blank, de Bismot et d'un grand nombre d'autres fameux
chevaux; il fut l'aïeul maternel d'Éclipse, comme Darley fut
son aïeul paternel; en effet, Spiletta, mère d'Éclipse était fille
de Régulus, propre fils de Godolphin. Enfin on peut dire que
depuis plus de cinquante ans, il ne s'est pas présenté un seul
cheval supérieur sur le turf, qui n'ait au moins un croisement
de cet illustre étalon.

Godolphin était bai-brun avec une marque en tête, sa taille
était de 15 paumes, (1^m 55e environ) il avait beaucoup de
force et la plus haute distinction brillait dans tout son ensemble, mais sa conformation était loin d'être parfaite, son dos
était un peu bas, son encolure trop forte, sa tête busquée et

ses membres un peu légers; son portrait peint par Stubbs, comme nous l'avons dit, existe dans la bibliothèque du château de Gog-Magog, dans le Cambridgeshire. On a encore de lui un autre portrait dans la collection de lord Cholmondoley à Hougton; en comparant ce tableau avec celui de Stubbes, on voit que le peintre lui a donné une légèreté de membres plus grande encore que celle du premier portrait.

Tel fut ce cheval auquel des admirateurs enthousiastes semblent attribuer la plus grande part du mérite de la race pure anglaise; mais que fut-il donc arrivé si Godolphin fût resté à traîner la charrette à Paris? Que fût-il arrivé encore si un second Godolphin eût paru 50 ans plus tard et eût à son tour épandu son sang dans toutes les familles des racers anglais? Enfin Godolphin était-il unique au monde et n'est-il pas permis de penser, quel que fût le mérite de ce cheval exceptionnel, que beaucoup d'autres chevaux orientaux introduits en Angleterre et en France, depuis un siècle, auraient dignement marché sur ses traces s'ils eussent été convenablement utilisés.

GODOLPHIN-GREY-BARB.

Ce cheval était fort estimé de lord Godolphin qui le donnait à ses meilleures juments en concurrence avec son fameux arabe. Voir au Stud-Book, les descendances de Fox-mare-Hobgoblin-mare.

CULLEN-ARABIAN.

Ce cheval est un des plus fameux qui soient venus en Angleterre et un ce ceux qui ont marqué le plus puissamment dans les généalogies. Il fut père de Camillus, à M. Warren, de Matron à lord Orford; de Surface à M. Georges, de la mère de Regulator, etc.; il mourut en 1764.

Cullen-Arabian est regardé par les auteurs modernes comme un de ceux dont le sang a le plus contribué au perfectionnement du sang anglais, c'était un cheval d'une haute origine et qui venait directement du désert de Palmyre.

NEWCOMBE-ARABIAN.

Ce cheval était aussi remarquable par sa conformation que par son sang. C'est un de ceux qui ont le plus marqué par leur descendance.

PHILIPSON'S-TURK.

Ce cheval était excellent mais il a été fort peu employé, il fut père de la mère de Meaburn.

SOMMERSET-ARABIAN.

Ce cheval, comme le précédent, eût pu marquer par le mérite de sa descendance s'il eût été plus employé. Il fut père d'une jument grise, laquelle fut mère de Trooper.

THE-GOWER-DUN-BARB.

Ce cheval est un des meilleurs reproducteurs orientaux de son époque. Il fut père de Doubtful, d'Honeycomle et de plusieurs autres bons chevaux.

WILTON-ARABIAN.

Ce cheval est cité par les auteurs comme un de ceux qui ont le plus marqué par leur descendance.

BAY-LONSDALE-ARABIAN.

Ce cheval était fort estimé dans son temps et est devenu l'auteur de très-bons chevaux.

Grey-Lonsdale-Arabian.

Ce cheval appartenait au même propriétaire que le précé-cédent, il était moins estimé que son camarade.

Les autres chevaux orientaux de cette époque furent les sui-vants :

Ancaster-Arabian.—Beaufort-Bay-Arabian. — Beaufort-Grey-Arabian. — Beaufort-White-Arabian. — Bright's-Arabian. — Burlington-Persian. — Chesterfield-Arabian. — Curzon-Grey-Barb. — Dun-Barb. — Evan's-Arabian. — Fletcher-Arabian.— Gascoine's-Arabian.— Jenkin's-Arabian. — Mulso-Bay-Turk. — Morton-Arabian. — March's-Barb. —Northumberland-Golden-Arabian. — Orford-Turk. —Panton-Grey-Barb.—Philipps-Brown-Turk. — Portland-Arabian. — Rooksby's-Turk. — Radcliffe's-Arabian. — Toweshend's-Barb. — The-Dun-Barb. — Walpole Barb. — Wolseley-Barb.

Nous diviserons le règne de Georges IV en deux parties : la première qui comprend une époque de quarante années, entre 1760 et 1800, nous offre encore une nombreuse suite d'étalons orientaux dont l'introduction répondait au besoin de l'amélioration, et qui pour la plupart mêlèrent leur sang à celui de la race pure qui alors se trouvait dans un état de prospérité qu'elle n'a pas surpassé depuis. Le nombre des chevaux orientaux introduits durant ces quarante années, n'a pas été moindre de 70 à 80. — Nous citerons parmi les principaux :

Bell's-Arabian.

Ce cheval de race kohël et d'une riche conformation d'étalon, a produit d'excellents coureurs et c'est un de ceux qui marquent le plus dans les généalogies.

COMPTON-BARB.

Ce cheval portait aussi le nom de Sedley-Arabian. C'était un magnifique producteur qui a beaucoup d'importance dans les généalogies. Il fut père de Coquette, de Grey-Ling et de plusieurs autres bons chevaux. Les auteurs le citent toujours au nombre des meilleurs auteurs de la race pure.

THE-COMBE-ARABIAN.

Ce cheval est quelquefois appelé Pigot-Arabian et quelquefois Bolingbroke-Grey-Arabian. C'était un cheval d'un grand mérite et d'un origine parfaite. Il fut père de Métodist, de la mère de Crop, etc., etc. Son sang est fort répandu dans les généalogies, et les auteurs anglais le mettent au nombres des types les plus puissants de la race anglaise de pur sang.

DAMASCUS-ARABIAN.

Dans l'avertissement pour la monte de ce cheval on lisait qu'il était du sang le plus pur, sans mélange, de turcoman ou de *barbe*, ce qui fait voir l'opinion des turfistes de 1773. Cent ans plus tôt on ne voulait que des barbes purs; alors on ne voulait que l'arabe pur et on avait raison.

Quoi qu'il en soit de l'origine de ce cheval, elle était certainement du plus haut mérite, et les auteurs anglais s'accordent à lui reconnaître une grande et heureuse influence sur le perfectionnement de la race pure anglaise.

GROSVENOR-ARABIAN.

Ce cheval fut père de Mandane et de plusieurs autres bons chevaux, c'était un très-remarquable producteur et qui avait tout le type des plus purs kohëls.

Leeds's-Brown-Arabian.

Ce cheval fut père de Mythymus et de plusieurs autres bons chevaux.

Storey's-Arabian.

Ce cheval était un excellent type, mais il a été peu employé. Il fut père de Blackets et de quelques autres.

Vernon-Arabian.

Ce cheval avait du mérite, il fut père de Glory, d'Alert et de plusieurs autres bons chevaux. Alert était d'une grande vitesse pour une courte distance.

Voici les noms des autres étalons orientaux de cette époque.

Arcot-Arabian. — Burlton-Arabian. — Bunbury-Arabian. — Bistern-Arabian. — Blackett's-Arabian. — Blair's-Arabian. — Borington-Arabian. — Bedford's-Arabian. — Cassilis's-Arabian. — Clement's-Arabian. — Northumberland-Grey-Arabian. — Northumberland-Bay-Arabian. — Northumberland-Brown-Arabian. — Northumberland-Golden-Arabian. — Eaton-Barb. — Ferrers-Arabian. — Gibson-Arabian. — Gregory's-Arabian. Khalan-Arabian. — Jifly-Arabian. — Kings's-Persian. — Lovaine's-Arabian. — Milward's-Arabian. — Meadow's-Barb. — Oxlade-Arabian. — Percy-Gray-Arabian. — Percy-Bay-Arabian. — Percy-Aly-Bay-Arabian. — Philippo's-Arabian. — Pennington-Barb. — Panton-Arabian. — Philippo's-Turk. — Parker-Arabian. — Pembroke-Arabian. — Rockingham-Arabian. — Rumbold's-Arabian. — Saanah-Arabian. — Smith-Arabian, 1er du nom. — Shafto-Barb. — Smith-Bary-Chesnut-Arabian. — Shelley's-Barb. — Thompson's-Grey-Ara-

BIAN. — OSSORY-ARABIAN. — WITHAM-GREY-ARBIAN. — WILDMAN-TARTAR. — WARD'S-ARABIAN. — WITHAM-GREY-ARABIAN. — WOBURN-ARABIAN. BEDFORD-ARABAIN.

La seconde période du règne de Georges IV, de 1800 à 1830 vit se restreindre successivement le nombre des importations des chevaux d'Orient, et leur réputation décroître encore plus vite. Les chevaux introduits pendant cette époque ne sont plus employés qu'au croisement des juments de chasse et de carosse, très-peu ont obtenu par-ci par-là quelques juments de pur sang d'un bon ordre.

Voici les principaux étalons de cette période :

COLE-ARABIAN.

Ce cheval s'appelait Sulky : c'était, dit-on, un arabe de la race Montafique, une des plus estimées du Désert. Il était de petite taille, 13 paumes 3 pouces. Sa vitesse était extrème et il pouvait porter un poids considérable, il appartenait à sir Arthur Cole et faisait la monte en Irlande sous le nom de Cole-Arabian, mais il a été peu croisé avec le pur sang et n'a guère produit que des hacks et des chevaux de chasse. Quelques-uns de ses produits ont remporté des prix locaux, mais n'ont obtenu aucun succès dans des courses importantes.

SIR-WILLIAM-TURK.

Ce cheval connu aussi sous le nom de Honey-wood-Arabian, est un des meilleurs qui soient venus en Angleterre dans ces derniers temps. Il fut père des deux True-Blues ; le premier fut le meilleur coureur de son époque à l'âge de 4 à 5 ans, le second était d'une très-forte conformation et fut père du cheval hongre Rumford et d'un grand nombre d'excellents chevaux de service; on ne pense pas que Honeywood ait été donné à d'autres juments qu'à la mère des deux True-Blues, ce qu'on doit regretter vu le mérite de ses produits. Ce cheval appartenait à la race la plus pure de l'Orient.

WELLESLEY-GREY-ARABIAN.

Ce cheval avait été acheté en Orient, sa conformation était forte et belle, il ressemblait à un cheval de chasse anglais pour la taille et le gros. C'est pour cela que quelques auteurs anglais ne le reconnaissent pas comme de premier sang et même ne lui accordent sous ce rapport qu'un rang très-inférieur. Ils lui reprochent ses pieds plus gros que ne le sont ordinairement ceux des chevaux orientaux et son aspect compacte et volumineux, tel qu'on peut le voir dans ses portraits. Toutefois, d'autres auteurs, et nous sommes de leur avis, voient dans Wellesley-Grey-Arabian un des plus beaux types de la race koël, la plus belle du monde. Sa tête un peu forte, son encolure un peu courte, la beauté et la pureté de ses membres, l'harmonie de son ensembe rappellent la magnifique conformation de Massoud, de Bédouin, de Bagdadli, types les plus merveilleux qui soient venus en France dans ces derniers temps.

Wellesley fut père de plusieurs bons chevaux, une de ses filles, Fair-Helen, fut seconde au Derby en 1823 ; cette jument, qui fut aussi mère de Dandizetta, produisit, en 1826, The-Exquisite par Whalebone. Exquisite fut aussi second au Derby en 1829. C'était un très-bon et fort cheval, d'un très-bel ensemble. Si sa descendance n'a pas répondu à ce qu'on pouvait attendre de lui, c'est uniquement parce qu'on ne lui a pas donné de bonnes juments.

WELLESLEY-CHESNUT-ARABIAN.

Ce cheval, comme le précédent, était né en Orient et appartenait aux familles les plus pures du Désert. Il avait beaucoup de force, de gros et d'énergie. Il a été peu et mal employé.

Les autres chevaux orientaux de cette époque furent les suivants :

BUCKINGHAMSHIRE'S-ARABIAN. — BLACK-ARABIAN-SHELDER.— COOK'S-ARABIAN -SHEIK. — DOUGLAS-ARABIAN.—EGREMONT

ARABIAN. — ELGIN'S-ARABIAN. — FORBERS-GREY-ARABIAN. HEATFIELD'S-GREY-ARABIAN. — HONNER'S-GREY-ARABIAN. — LOUTHERS' - ARABIAN. — MASFIELD'S - ARABIAN. — MECCA-ARABIAN. — MALCOLM-ARABIAN. — PATSHULS -ARABIAN. — SMITH-ARABIAN. — SELIM-ARABIAN. — WOLTON-ARABIAN.

Pendant le règne de Guillaume IV, dans la période comprise entre 1820 et 1830, l'introduction du cheval oriental fut très-restreinte; le croisement de cette race avec le racer anglais était totalement abandonné, ou n'était fait que par une rare exception et dans les plus mauvaises conditions. Nous citerons d'abord les chevaux qui ont eu le plus de réputation dans ce laps de temps :

ARABIAN-PET.

Ce cheval, dont le nom était Borah, est un des bons types arabes qui soient jamais venus en Angleterre. Sa race appartenait au plus pur sang koël, sa conformation était régulière et forte, quoique sa taille fût peu élevée (14 paumes et 1 pouce environ); on lui reprochait des épaules un peu droites et courtes; par conséquent, des cuisses courtes, des fesses peu descendues, d'où l'on inférait qu'il ne devait point avoir de vitesse. Cependant ses succès dans les courses de Madras avaient été assez grands pour lui mériter quelque estime. Il n'a, du reste, été employé qu'au croisement des juments de chasse, mais il a laissé d'excellents produits dans ce genre.

PARAGON.

Ce cheval fut ramené des Indes par sir Anthony Buller. — Il était baizain, sa taille était de 14 paumes 1 pouce. Comme la plupart des arabes de premier sang, son cou était plus court que celui des chevaux anglais et sa tête un peu plus forte; il était admirablement musclé et très-bien proportionné, ses membres étaient courts; il avait d'excellents pieds et une force remarquable dans les avant-bras; son épaule était plate, son garrot élevé et son corps bien arrondi. Ce cheval passait pour appartenir à une des meilleures branches de la race koël.

Paragon avait remporté un grand nombre de prix dans les courses de l'Inde, et arriva en Angleterre précédé d'une belle réputation; mais soit qu'il n'ait été croisé qu'avec des juments inférieures, soit que les produits n'aient pas été essayés, il n'a pas marqué comme producteur. Malheureusement, en Angleterre comme en France, les préjugés et la routine dans un certain ordre d'idées s'opposent aux améliorations rationnelles et à tout essai vraiment utile au point de vue de la science et de l'avenir.

Les autres chevaux introduits pendant cette période ont été les suivants :

ATTWOOD'S-GREY-ARABIAN. — ATTWOOD'S-CHESNUT-ARABIAN. — ARAB-MANAC. — DEVONSHIRE-ARABIAN. — HARBOROUGHT'S-ARABIAN. — ORFORD-ARABIAN. — PADAN-ARAN-ARABIAN. — WILTON-ARABIAN. — MOCCA-ARABIAN.

De 1830 à 1840, l'introduction des chevaux est à peu près la même que dans la dernière période, et aucun d'eux ne se fait distinguer par le mérite hors ligne de ses produits. On cite parmi les plus remarquables, les étalons suivants :

ARABIAN-ORELIO.

Ce cheval était venu des Indes en Angleterre, mais on pense qu'il était originaire de l'île de Bantheim. Il avait obtenu de grands succès dans les courses de Madras, et cependant on met en grand doute la pureté de son origine; quelques auteurs ont avancé qu'Orelio était un cheval du Nedj, — Ce terme, comme on sait, n'est pas suffisamment significatif, car il peut venir des montagnes du Nedj des chevaux fort communs, et la race qui porte ce nom n'est point regardée comme la plus pure par les Arabes. Orelio a été peu employé avec les juments de pur sang, et en général il s'est médiocrement reproduit; il fut cependant père d'un

poulain qui courut avec avantage dans les courses de l'Inde,
et dont la mère, Fatima, fut envoyée en Angleterre avec une
de ses filles. Ces juments produisirent quelques chevaux de
mérite.

ABAB-BUCKFOOT.

Ce cheval célèbre fut envoyé des Indes en Angleterre par le
colonel Robert Stevenson, qui en fit présent à sir R. Thornhill. Il était gris-argenté et avait 14 paumes de hauteur.
Sa conformation était admirable; il joignait la force à l'élégance, et était tout à la fois osseux et musclé au suprême
degré. Son aspect et sa démarche annonçaient sa haute origine.
Ses succès dans les courses des Indes l'avaient placé à la tête
des meilleurs coureurs, et il avait distancé Fairplay, jusqu'alors le premier cheval de l'Inde. Le mérite de ce cheval
doit le faire considérer comme un des meilleurs chevaux orientaux que l'Angleterre ait jamais possédés. Il appartenait aux
plus pures familles du Désert, et tous les récits qu'on en fait
s'accordent à le peindre comme un pur koël. Il est fort regret-
table que ce cheval n'ait pas été donné en Angleterre à quelques
juments de course de premier choix; s'il eût obtenu des mères
de vainqueurs, on aurait pu juger de son mérite. Aucun de ses
poulains ne parut en public, si ce n'est une pouliche qui fit
une assez triste figure à Goodwood. Ce cheval fut vendu 500
livres sterling pour les haras de Prusse.

BLACK-ARABIAN (Hampton-Court).

Ce cheval était un présent de l'iman de Mascate au dernier
roi d'Angleterre, Guillaume IV; son poil était d'un beau noir
et sa taille élevée. Il fut placé au haras d'Hampton-Court, et
fut vendu lors de la destruction de cet établissement célèbre,
en 1837.

Black-Arabian, comme son camarade, dont nous parlerons
plus loin, et auquel il ressemblait beaucoup comme conformation, n'avait rien du cheval arabe, on eût dit plutôt un lé-

ger cheval de demi-sang anglais; mais plus rond dans ses
formes, il était bâti en père et avait assez de substance musculaire, mais il ne possédait ni les lignes accentuées, ni la
fierté de maintien, ni la finesse de tissus, ni le je ne sais
quoi prestigieux qui décèle à première vue, pour le véritable connaisseur, le pur sang d'Orient. Ce cheval n'eut
d'ailleurs qu'un très-petit nombre de juments de course
dont les produits n'ont pas marqué. Les auteurs anglais se
sont divisés sur le compte de ces chevaux; les uns, amateurs
du sang oriental, ont répété à leur occasion cette phrase qui
semble stéréotypée chez eux : Qu'il ne leur a manqué pour
réussir que d'être donnés à des juments de premier choix
— à des mères de vainqueurs! Les autres, détracteurs sys-
tématiques de ce sang, leur ont trouvé tous les défauts, surtout le *manque de vitesse*, et ont déclaré qu'ils ne valaient
pas 50 livres sterling chaque. Il y a exagération dans les
deux cas; ces chevaux disons-nous, n'avaient point le
cachet du pur sang koël, et dès lors ils ne valaient rien
pour l'accouplement de la race pure, quelque mérite que
les juments eussent eu par elles-mêmes; mais ils étaient
très-propres au croisement des espèces de demi-sang, et,
comme nous le dirons à l'article suivant, le cheval dont il est
question eût pu être un bon reproducteur de chevaux de
guerre et de voiture.

Bay-Arabian (Hampton-Court).

Comme le précédent, ce cheval avait été donné au roi
Guillaume par l'iman de Mascate. Il était bai et semblable
en tout à celui dont nous venons de parler. Son histoire est la
même; il eut quelques juments pures assez médiocres, et
ses poulains n'eurent aucun succès dans les courses. Ce
cheval fut acheté pour la France à la vente du haras
d'Hampton-Court; et s'il eût été placé en Normandie, où il
convenait par son genre et par son gros, il eût pu devenir un
remarquable producteur de chevaux de guerre et de voi-

ture. Nous reparlerons de Bay-Arabian dans la seconde partie.

HARLEQUIN.

Ce cheval était un magnifique étalon de race pure koël — son poil était gris truité, — sa force était prodigieuse et il pouvait porter les poids les plus lourds; malheureusement il fut peu employé à la reproduction, et dans des conditions qui ne lui permirent pas de montrer son mérite comme père.

DIAMOND.

Ce cheval était d'une grande taille et d'une forte conformation, sa hauteur était d'au moins 15 paumes, il avait montré de la vitesse dans les courses des Indes, mais ce n'était point un arabe pur, on pense qu'il était originaire de l'île de Bantheim. On ne voit pas qu'il ait produit rien de remarquable.

SIGNAL.

Ce cheval arabe était né en 1825, il fut importé des Indes vers 1830, il appartenait à sir Arthur Cole. C'était un petit cheval d'une admirable conformation, et qui avait remporté un grand nombre de prix, sans avoir jamais été vaincu. Il n'a pas été employé avec les juments pures, mais il a laissé de magnifiques et excellents produits de demi-sang.

Les autres chevaux importés d'Orient pendant cette période furent les suivants :

ASTLEY'S-BLACK-TURK. — HUMDANIEAH-ARABIAN. — OSMAN-ARABIAN. — SULKY. — SOLYMAN.

Depuis 1840 on ne cite que deux chevaux orientaux de quelque mérite introduits en Angleterre.

BARNE'S-ARÁB.

Ce cheval, dont le nom est Talisman, est un des derniers cités par le Stud-Book anglais, comme ayant mêlé son sang à la race de course.

On a vu', par ce qui précède, comment s'est formée et améliorée la race du pur sang anglais, par suite du croisement successif des juments de course avec les chevaux orientaux de différentes époques. Le nombre de ces chevaux, depuis le milieu du XVII° siècle, jusqu'à notre époque, deux siècles à peu près, monte à 250 environ, auxquels il faut ajouter un certain nombre de juments barbes ou arabes, introduites à diverses époques, pour avoir la masse du sang arabe qui circule dans les veines du Racer anglais actuel. — On a vu aussi quelle inconstance, quelles bizarreries, quels hasards ont présidé à ces mélanges incohérents pour la plupart, qui cependant ont amené de si magnifiques résultats.

Récapitulons en quelques mots cette histoire du sang oriental en Angleterre.

C'est d'abord le sang barbe qui domine, sous Élisabeth ; le cheval de cette race est presque le seul producteur admis dans l'amélioration fashionable ; plus tard on en vient même à proscrire le sang arabe par suite de l'influence de Newcastle, et les chevaux de cette contrée sont forcés de se déguiser sous le nom de Turks. Bientôt même, malgré le mérite des reproducteurs orientaux, tels que : Place's-White-Turk, Morocco-Barb, Byerley-Turk, Lister-Turk et autres, la réputation du cheval oriental, comme père de chevaux de course, commence à baisser. L'étalon indigène reprend faveur et revient à la mode ; mais Darley-Arabian paraît, entouré de la brillante phalange des Curwen et des Toulouse-Barbs, des Akaster et des Selaby-Turks, et le sang oriental est rétabli dans toute sa gloire pour un demi-siècle. Vers 1730 le sang indigène revient en vogue de nouveau, et il ne faut rien moins que l'apparition du célèbre Godolphin pour remettre en honneur le cheval d'Orient. Celui-là, c'est bien le cheval du hasard s'il en fut, et aussitôt se forme à sa suite une magnifique pléiade d'étalons méridionaux, parmi lesquels se font remarquer au premier rang les Cullen-Arabian, les Newcombe, les Gower-Dun-Barb et autres, qui renouvellent la race d'Occident, et lui rendent le cachet d'énergie et de vitalité qu'elle a conservé jusqu'à nos jours. Mais ce cachet s'est-il conservé intact ? ne serait-il point heureux qu'il fût rajeuni ? — *That is the question ?*

Un grand nombre d'amateurs et d'auteurs anglais pensent que des croisements judicieux avec des types supérieurs de la vraie race koël ne pourraient qu'avoir les meilleurs résultats; l'un d'eux s'exprime ainsi :

« Malgré l'excellence de notre race, des chevaux arabes
» sont encore importés et employés quelquefois à la monte;
» on doit désirer de voir se perpétuer cette coutume qui aurait
» pour effet d'arrêter les effets de la dégénération produite
» par l'action du climat! »

Quoi qu'il en soit, on peut dire que depuis le commencement de ce siècle le croisement du cheval arabe avec la jument de pur sang anglais est totalement abandonné en Angleterre et ne paraît de loin en loin, comme le dit récemment un auteur anglais, que par *excentricité*, plutôt même qu'à titre d'*essai*.

BIOGRAPHIE

Des Étalons de pur sang les plus célèbres en Angleterre.

On compte très-peu d'étalons de pur sang, nés en Angle-
avant 1700, qui aient marqué dans les généalogies ; à cette
époque et longtemps encore après, le cheval oriental était dans
tout son éclat et formait la majorité des étalons employés à
la production du racer.

Cependant le mérite de quelques étalons supérieurs, tels
que les Childers, les True-Blue, les Bald-Galloway, et, plus
tard, Hérod, Éclipse et tant d'autres, firent renoncer à l'emploi
du cheval d'outre-mer, jusqu'à ce qu'enfin il soit totalement
abandonné, comme cela a lieu de nos jours.

Nous avons vu, dans la première partie, quels furent les
éléments orientaux qui formèrent la race pure anglaise, ou la
modifièrent à certaines époques ; nous verrons maintenant se
dérouler la liste des célébrités indigènes du turf britannique.
Nous tâcherons de saisir çà et là les principaux traits des
transformations qu'ils subirent par suite des temps, des habi-
tudes, et par suite aussi surtout du renoncement au type qui
leur avait donné naissance.

Plusieurs enseignements importants doivent sortir de cet
examen : d'abord contre l'opinion généralement reçue que l'on
fait le cheval de race partout en Angleterre. Nous pourrons
nous convaincre que non-seulement plusieurs contrées importantes n'y ont point eu de part, mais encore que la patrie du
cheval de course est même fort restreinte. Elle comprend d'a-
bord le Yorkshire ou comtés du Nord, que l'on a appelés
l'Arabie de l'Angleterre ; puis les comtés du centre, depuis
Oxford jusqu'à Nottingham. Enfin, les comtés de l'Est, com-
prenant les environs de Londres et les contrées de Norfolk et
de Suffolk, ainsi qu'une petite partie des comtés du Sud, depuis
Salisbury jusqu'à Rochester ; mais la Cornouaille, le pays de

Galles, l'Écosse sont généralement impropres à la bonne production du cheval de pur sang. Et si longtemps les chevaux d'Irlande n'ont pas été regardés comme fashionables en Angleterre, ce n'est pas qu'il ne se soit produit, surtout dans ces derniers temps, quelques chevaux de mérite ; c'est que le climat et le sol se prêtent peu, dans la plus grande partie, au développement et surtout à la bonne organisation du cheval de course.

Nous faisons cette remarque dans l'intérêt des personnes qui ont voulu faire partout en France le cheval de pur sang, sans considérer d'abord quelles conditions naturelles convenaient à cet élevage, et quelles étaient les localités qui pouvaient le plus conserver à la race ses qualités et son organisation native.

Nous verrons ensuite que, malgré le nombre considérable d'étalons que produit chaque année l'élevage anglais, un très-petit nombre parvient à la célébrité, et que ce petit nombre est seul chargé de la production future ; ce qui a pour effet, à la longue, une consanguinité prolongée et indéfinie. De là des imperfections centuplées par les alliances qui doivent amener tôt ou tard la dégénération et la dégradation de l'espèce.

Nous trouverons encore, dans cette étude, des données importantes sur le grand fait physiologique de la modification qui s'opère chez la race pure à mesure qu'elle s'éloigne du type oriental, soit par la taille, la conformation, la couleur, la vitesse, le fond, la santé, l'aptitude à contracter des tares, des défectuosités transmissibles.

Nous remarquerons enfin que, dans les temps anciens, les chevaux ne paraissaient sur l'hippodrome que lorsque leur développement était à peu près terminé, jamais avant quatre ans ; Éclipse et Flying-Childers ne firent leur apparition sur le turf qu'à l'âge de cinq ans. Les chevaux couraient pendant plusieurs années et ne devenaient étalons que lorsque leur organisation n'avait plus rien à acquérir, que leur système musculaire était au grand complet. Leur monte était très-faible en général, et pendant l'intervalle des saisons leur énergie était entretenue par un exercice fréquent.

Il n'en est plus de même aujourd'hui, les chevaux paraissent la plupart du temps sur les hippodromes dès l'âge de deux ans; souvent ils en sont retirés à trois ou quatre ans, au plus tard, surtout ceux qui se sont distingués par de brillantes victoires. A cet âge ils n'ont pas encore acquis leur développement; ils sont alors confinés dans une boxe ou un paddok, dont ils ne sortent plus, et contractent une obésité moléculaire qui influe de la façon la plus déplorable sur leurs produits et jette dans leur descendance des germes lymphatiques, surtout dans l'appareil locomotif, dont les tares de toutes natures et les efforts de tendons, si fréquents de nos jours, ne sont que trop souvent le triste résultat. Nous reviendrons plus loin sur ces importantes questions.

Nous dirons un mot en passant sur diverses modifications qui ont eu lieu dans l'organisation des courses anglaises par rapport aux distances, à l'âge des chevaux et aux différents poids qu'ils portaient suivant les circonstances; toutefois, nous ne pourrons nous étendre beaucoup sur ce sujet, qui a été trop peu étudié jusqu'ici. En général, les amateurs ne se donnent pas même la peine de lire, et les auteurs se copient les uns les autres sans prendre la peine de remonter aux sources et d'étudier avec patience les documents qui nous restent sur les commencements de l'art du Jockeyship, qui, par son importance, doit s'élever maintenant à la hauteur d'une science.

Je saisirai cette occasion pour parler d'un fait généralement ignoré, qui, cependant, a pesé d'un poids immense sur l'amélioration du racer et de la formation de la race pure. Il s'agit du règlement des poids selon la taille des chevaux. Ce règlement, qui a duré en Angleterre pendant toute la belle période hippique, de 1700 à 1800, avait été imité dans les premiers règlements des courses françaises. Nous en parlerons quand nous serons arrivés au chapitre qui concerne notre pays. Quant à l'Angleterre, voici les bases du système tel qu'il existait dans le siècle dernier :

Les poids, comme nous le disons, étaient attribués à la taille des chevaux. Ces différences étaient considérables et graduées depuis 12 paumes (1 mètre 25 centimètres) jusqu'à 15 (1 mètre 54), et depuis le poids de 5 stones (31 kilog. 73) jusqu'à 11 (69 kilog. 84); ainsi, le cheval de 12 paumes portait 5 stones, celui de 13 paumes 7 stones, de 14 paumes 9 stones, de 15 paumes 11 stones. Il en résultait que le petit cheval était fort privilégié, et que les produits du sang oriental avaient plus de chance que les autres. On prévenait ainsi l'étiolement et l'abâtardissement des races aussi ; est-ce de l'époque où cette législation fut abolie que le sang oriental fut entièrement abandonné dans les accouplements.

Pendant la même période, les poids pour âge étaient ainsi répartis pour les coupes d'or :

4 ans, 7 st. 11 liv. (49 k. 500).

5 ans, 8 st. 8 liv. (54 k. 500).

6 ans, 8 st. 13 liv. (56 k. 500).

Agés, 9 st. 00 liv. (57 k.).

Qui nous dit que si, par impossible, le règlement sur les poids du siècle dernier était appliqué , les produits de chevaux arabes, tout inférieurs que ceux-ci peuvent être aux célébrités de l'espèce, les Darley, les Godolphin, ne seraient pas capables de se mesurer avec les grands chevaux de notre époque?

Quel est le cheval de 1 m. 60 c., par exemple, *quelque bon qu'il soit*, qui puisse être assuré de vaincre un produit arabe *quel qu'il soit*, en lui rendant 42 kilogrammes?

De même, par contre, sans les différences de poids pour la taille, qui nous dit que les fils de Darley, des Godolphin n'auraient pas été battus par de grands chevaux moins près du sang d'Orient? Mais aussi l'amélioration générale eût-elle fait tant de progrès? Ne doit-on pas préférer pour la reproduction un petit cheval près de terre, bien carré, d'un ensemble parfait, à de grands échassiers manqués dans leurs proportions, aux tendons noyés dans des gaines lymphatiques, et qui ne pourront un jour qu'apporter dans leur descendance des germes de dégénération progressive? Grande question que je ne fais qu'indiquer ici et dont la discussion sort du cadre que je me suis tracé.

Les premiers étalons de pur sang en réputation avant 1700, ou qui vécurent à cette époque, descendaient des chevaux arabes importés pendant les règnes de Charles Ier, de Jacques II, de Charles II et de Guillaume d'Orange. Nous les citerons sans conserver précisément le rang chronologique, la date de leur naissance étant rarement indiquée d'une manière certaine par les auteurs.

BUSTLER, par Helmsley-Turk.

Né chez M. Place, vers 1700, fut le père de Merlin et de plusieurs autres chevaux célèbres.

BALD GALLOWAY, par Saint-Victor-Barb et une fille de Whynot; sa G.-G. mère Royal-Mare.

· Né chez le capitaine Rider, il fut père de Cartouch, de Dart, à M. Duncombe; de Foxhunter, à M. Howe; de Grey-Ovington, chevaux de taille moyenne; de Lilliput, de Jugement, de Bemble, de Bald-Peg, de Daffodil, très-bons petits chevaux; de Roxana, excellente jument, mère du célèbre Lath, de Silvertochs et de plusieurs autres, qui gagnèrent des prix dans le Nord, et qui lui donnèrent une grande réputation comme père.

HAUTBOY, par White-d'Arcy-Turk et une Royal-Mare.

Élevé par la famille d'Arcy, fut père de Grey-Hautboy (père de Bay-Bolton), de Windham, de la mère de Snake, de la mère d'Almanzor, de Terror et de Champion.

Jigg, par Byerly-Turk.

Élevé dans le Flintshire, pays d'élevage, par sir R. Mostyn, il fut père de Partner, cheval d'un grand mérite, de Shock et de Saucebox, chevaux de moyenne taille. Jigg était employé à la monte des juments de tout genre dans le Lincolnshire, jusqu'à ce que son fils Partner, âgé de six ans, vint lui donner la réputation qu'il méritait.

Basto, par Byerley-Turk; sa mère, Bay-Peg.

Élevédansle Yorkshire, par sir W. Ramsden, il fut père de Soreheels, de Little-Scar, de Dimple, ainsi que de la mère de Crab, de Second. Basto n'eut guère d'autres juments que celles du duc de Devonshire et du duc de Rutland. Ce cheval mourut en 1723.

Leedes, par Leedes-Arabian et une fille de Spanker, sa G.-M. Morocco-Barb.

Élevé par M. Leedes, dans le Yorkshire, il fut père de Astridge, Astridge-Ball et de plusieurs autres bons chevaux.

Mixbury Galloway, par Curwen's-Bay-Barb.

Ce cheval, qui n'avait que 13 paumes et demie (1 mètre 37 centimètres), fut élevé par M. Curwen. Il fut le meilleur coureur de son temps, malgré sa petite taille; Mixbury fut père d'excellents chevaux et se trouve en tête des meilleures généalogies. A cette époque, les racers, produits directs et encore peu éloignés de l'arabe, étaient de petite taille ; cependant Mixbury est un des plus petits dont l'histoire du turf fasse mention.

Counsellor, par Shaffsbury-Turk et la propre sœur
de Spanker.

Élevé chez lord Lonsdale, dans le Westmoreland, il fut père
de Counsellor (à lord d'Arcy), par The-Violet-Laiton-Barb-
Mare. Celui-ci produisit Counsellor (Woods), qui naquit en
1694 et fut élevé par M. Égerton.

Careless, par Spanker et une fille de Barb-Mare.

Élevé par M. Leedes, dans le Yorksire.

Grey-Grantham, par Brownlow-Turk.

Ce cheval fut père de Miss-Belvoir, de Shadow et de The-
Grantham-Filly, remarquables juments, surtout les deux dernières ; il produisit aussi The-Confederate-Filly, bonne jument
pour des poids légers.

Snake, par Lister-Turk ; sa mère, par Hautboy..

Élevé par M. Lister. On rapporte que dans sa jeunesse il
fut mordu par un serpent (en anglais, snake), d'où lui est venu
son nom. Cette blessure le mit hors d'état de courir. Il fut
père de la fameuse jument Snake-Mare, mère de Squirt, appartenant à M. Metcalf.

Grey-Hautboy, par Hautboy.

Élevé par la famille d'Arcy, il fut le père de Bay-Bolton et
d'autres excellents chevaux.

Soreheels, par Basto et une fille de Curwen-Bay-Barb.

Ce cheval eut pour fille la mère de Matchless, laquelle fut
aussi G.-G. mère de Highflyer. Mais, en général, il donna
des produits médiocres. Sa mère fut aussi une poulinière re-

màrquable ; elle fut mère de Crab, de Snip, de Blacklegs et
de la mère de Koulikan.

(OLD) MERLIN, par Bustler, fils de Helmsley-Turk.

Ce cheval fut un des meilleurs racers qui parurent en Angleterre. Il·était petit-fils de l'arabe Helmsley-Turk, il naquit
dans le haras de Viliers, 1er duc de Buckingham. Merlin
est aussi fameux par ses courses que par ses succès comme
étalon. On ignore à quelle époque il cessa de courir, mais sa
réputation est restée dans toutes les mémoires des hommes
de cheval d'Angleterre. On sait que Merlin fut un des héros
de cette course fameuse contre Dragon, appartenant au colonel
Frampton, pour laquelle les jockeys ayant résolu l'essai de
leurs chevaux, les surchargèrent à l'insu l'un de l'autre d'un
poids de 7 *livres*. Merlin fut *vainqueur dans l'essai* et dans
la course.

BAY-BOLTON, par Grey-Hautboy et une fille de Makeless.

Ce cheval d'abord appelé Brown-Justy, naquit en 1805,
chez sir M. Pierson. Il fut très-bon cheval de course et excellent
étalon. A l'âge de 5 ans, il battit 8 chevaux aux courses de
York. Il mourut en 1736, à l'âge de 31 ans.

CHAMPION, par Harpur's-Arabian et une fille de Hautboy.

Né en 1707, il débuta dans les courses en 1713 et remporta
à York la coupe de Sa Majesté, battant 9 chevaux. Sa mère
était aussi mère d'Almanzor et de Terror. Il fut père de la
bisaïeule de King-Hérod.

CHANTER, par Akaster-Turk; sa mère par Leeds-Arabian.

Né en 1710, chez sir W. Strickland, ce fut un des meilleurs
et des plus rudes coureurs de son temps. Il débuta aux courses
d'York, en 1715, à l'âge de 5 ans et remporta la coupe des

Dames battant 10 chevaux, parmi lesquels se trouvait True-Bleue; en 1716, il battit, avec le même succès, 5 autres chevaux; en 1718, il fut vainqueur de deux prix de 200 guinées à Newmarket; en 1719, il gagna trois fois de suite; en 1721, il remporta deux prix dont un de mille guinées; mais, en 1722, il fut battu par Flying-Childers et, en 1723, par Robsy : il avait alors 13 ans.

TRUE-BLUE, par William's-Turk et une Byerley-Turk-mare.

Né en 1710, chez M. Hony-Wood, True-Blue n'était pas en bonne condition quand il courut pour la première fois aux courses d'York, en 1715, et cependant il fut placé honorablement. En 1716, il remporta la course d'York, battant 7 chevaux; en 1719, il gagna une course de 40 guinées à York, battant Aleppo et Castaway; enfin, en 1720, il fut vainqueur d'une course à York, courant seul, aucun cheval ne s'étant présenté contre lui. Il eut un frère célèbre, avec lequel on l'a quelquefois confondu : l'un naquit en 1710, le second en 1718; on les appelle souvent les True-Blue.

ALEPPO, par Darley's-Arabian et une fille de Old-Hautboy.

Né en 1711, chez M. Brewster, il était propre frère d'Almanzor. Il fut père d'Hobgoblin (père de Shakespeare et de plusieurs chevaux célèbres). Sa première victoire eut lieu à York en 1716, où il battit 7 chevaux; mais il fut vaincu en 1717 et 1719. Il n'en fut pas moins considéré comme un bon étalon.

CONEYS-KING, par Lister-Turk.

Né en 1712, chez le duc de Rutland, dans le Lincolnshire, il a souvent couru et a été vainqueur plusieurs fois, entre autres à York, pour la coupe d'or, en 1718; à Newmarket, la même année, dans un prix royal, et dans deux autres prix royaux, en 1719 et 1720.

4

ALMANZOR, par Darley's-Arabian et une fille de Hautboy.

Né en 1713, chez M. Brewster : quoique d'un très-bon sang et propre frère d'Aleppo, il a peu et mal couru. Cependant sa belle conformation et le mérite de sa race, lui firent donner un très-grand nombre de juments; mais il se reproduisit en général médiocrement, et il n'est cité ici que pour donner un exemple de l'inconvénient qu'il y a d'adopter comme reproducteurs, quels que soient leur sang et leur conformation, des chevaux qui, par leur peu de qualités, ont prouvé la dégénération de leur sang.

Fox, par Clumsy; sa mère, Bay-Peg.

Né en 1714, chez sir Ralph Ashton, il eut de magnifiques succès de courses: il courut 10 fois et fut 10 fois vainqueur. Devenu étalon, il soutint la réputation que lui avaient valu ses performances : il fut père de Conqueror, cheval hongre d'une grande force et d'une prodigieuse vitesse; de Mary-Andrew et de Goliath, tous deux très-bons chevaux ; il eut aussi pour fille la mère de Snap.

FLYING-CHILDERS, par Darley's-Arabian et Betty-Leeds, par Careless.

Ce cheval célèbre, qui fut plus tard appelé Devonshire, naquit, en 1715, chez M. Childers de Carlhouse, près Doncaster; il fut acheté, jeune encore, par le duc de Devonshire. On a de lui deux portraits qui le représentent, l'un avec une robe baie, l'autre avec une robe alezane ; mais ils s'accordent tous deux à lui reconnaître 4 balzanes assez haut chaussées, ce qui ferait supposer que son poil véritable était alezan. Sa taille était moyenne comme celle de tous les anciens chevaux du turf anglais, qui variait alors entre 14 et 15 paumes (1 mètre 47 centimètres à 1 mètre 57 centimètres). Ce ne fut guère qu'au commencement de ce siècle que les chevaux prirent cette taille élevée qu'ils ont maintenant. Flying-Childers était remarquable par la force de son rein, sa compacité et en même temps la longueur de ses lignes, ainsi que par la netteté et la force de ses membres. Son origine était purement orientale: c'est le seul cheval peut-être, comme on l'a déjà observé, qui fut le rejeton direct de sept générations produites par le croisement de sang arabe, et quatre de sang barbe. On pense qu'il fut d'abord employé à la chasse; mais il est certain qu'il ne parut dans les courses qu'à six ans, comme la plupart des chevaux de son époque. Ce cheval partage avec le fameux Éclipse le sceptre de la vitesse. Des calculs, plusieurs fois renouvelés, prouvent qu'il pouvait parcourir 4 milles (6,436 mètres), à raison de 100 yards (910 mètres) à la minute. Dès qu'il parut sur le turf, sa supériorité fut tellement constatée, qu'il dut bientôt renoncer aux luttes de l'hippodrome. La tradition rapporte qu'un gentilhomme appelé Wilth, offrit au duc de Devonshire de lui céder Flying-Childers pour le poids du cheval en écus; mais il refusa. Comme étalon, il fut peu employé, ayant été réservé pour le haras de son propriétaire; c'est ce qui fait que quelques auteurs ont jeté des doutes sur le mérite de sa descendance. Cependant on rencontre son nom dans les meilleurs généalogies. Il fut entre autres père de Blaze, de Grey-Childers, de Hampton-Court-Childers et de plusieurs juments fameuses par elles-mêmes et leurs produits. Il fut encore le père d'un poulain renommé, qui fut connu sous le nom de Spanking-Roger. Ce jeune cheval était d'une vitesse surprenante, et quand il gagna le prix de 50 livres à York, il distança un champ de quatre chevaux de grand mérite. Sa vitesse, sa force, son sang, sa belle conformation en eussent fait sans doute un étalon remarquable, mais il mourut dans une course, en 1741, chez le duc de Devonshire.

BARTLETT'S-CHILDERS, par Darley-Arabian et Betty-Leeds.

Ce cheval était propre frère de Flying-Childers. Quoique n'ayant jamais été entraîné, il se montra si supérieur comme reproducteur, qu'il surpassa la renommée de son frère. Il produisit un très-grand nombre de très-bons chevaux et eut la gloire d'être le père de Squirt, grand-père du fameux Éclipse: il fut élevé chez M. Childers, près de Doncaster.

LAMPREY, par Grey-Hautboy et une fille de Makeless.

Ce cheval, propre frère de Bay-Bolton, naquit chez M. Bolton, en 1715. Ce fut un des coureurs les plus remarquables de on époque. Sur 12 courses, il remporta 10 victoires, et s'il fut battu deux fois, à l'âge de 12 et 13 ans, c'est qu'il dut céder la palme à des rivaux plus jeunes que lui.

Lamprey produisit d'excellents chevaux, et surtout de remarquables juments, qui ont répandu son sang dans toutes les généalogies.

PARTNER (OLD), par Jigg et une sœur de Mixbury-Galloway.

Né chez M. Pelham, en 1718, à Brocklesby, dans le Lincoln, une des contrées qui a produit les meilleurs chevaux de course d'Angleterre.

Partner était un cheval d'une grande force, d'un remarquable ensemble, et le meilleur coureur de son époque. Il ne courut qu'à cinq ans, et pendant deux ans seulement, et fut presque toujours vainqueur. Employé bientôt comme étalon, il fut père de Little-Partner, de Sedbury, de Tartar, de Cato, de Looby et de beaucoup d'autres excellents chevaux. Il fit la monte pour le public pendant quatre ans, et eut pendant ce temps les plus belles juments du Nord. Plus tard, il ne fut presque plus donné qu'aux juments de M. Croft. C'est un des chevaux qui ont marqué le plus puissamment dans les généalogies anglaises, et il doit être compté parmi les étalons de premier ordre de la race pure.

CARTOUCH, par Bald-Galloway et une fille
de Cripple-Barb.

Né chez M. Elstoh, en 1719, ce fut un des premiers chevaux
de course de son époque; et l'on croit qu'il n'y avait aucun
cheval de son temps, capable de courir contre lui pour un
poids de 12 stones. Il ne paraît avoir cependant couru qu'une
seule fois à l'âge de 6 ans. Il fut vainqueur battant Jonquille,
et reçut plusieurs forfaits pendant l'année. Ce cheval était de
très-petite taille, il n'avait que 14 paumes de hauteur. Après
son entraînement, il devint la propriété de sir William Morgan
de Tredegar; ce fut chez lui qu'il fit la monte pendant plusieurs saisons, dans le pays de Galles. Il fut ensuite employé
dans les contrées du Nord, où il devint l'étalon favori. On
compte parmi ses produits remarquables, Y.-Cartouch et la
grand'mère de Trentham et de Bourdeaux.

SQUIRREL, par un fils de Snake et une fille
d'Acaster-Turk.

Né en 1719, chez M. Smith, il ne parut que trois fois sur le
turf, et fut trois fois vainqueur. C'était un cheval d'une grande
force, d'une grande puissance musculaire et d'une grande vitesse. C'est encore un enfant du Yorkshire, comme les meilleurs chevaux de son époque et une grande partie de ceux de
la nôtre.

HARLEQUIN, par Mixbury et une petite fille de
Pulleine-Rockwood.

Né en 1719, chez M. Metcalfe, ce cheval courut sept fois et
fut sept fois vainqueur. Il s'est montré bon étalon, et peut être
très-honorablement placé parmi les meilleurs chevaux d'Angleterre.

WYNDHAM, par Hautboy ; sa mère, par Selaby.

Né en 1719, il ne paraît avoir couru que dans une seule course, en 1724, où il battit huit chevaux. Il est considéré comme un des bons reproducteurs de son époque.

SAMPSON, GRIS, par Grey-Hound et Curven-Bay-Barb-mare.

Né chez M. Croft, dans le Yorkshire, en 1721, il devint plus tard la propriété de lord Halifax. Ce cheval, qui s'est fait une haute réputation comme coureur, et par son mérite comme étalon, courut 6 fois en 1727, et fut 6 fois vainqueur dans plusieurs prix importants, battant des chevaux de mérite. Il fut battu deux fois en 1728, et retiré des courses.

CRAB, GRIS, par Alcock-Arabian et Basto-mare.

Né en 1722, son sang était excellent et d'une grande puissance ; sa mère a donné plusieurs autres bons chevaux, entre autres le père de Snap. Dans sa première course, en 1728, il fut quatrième. Dans une course de 10 chevaux, en 1728, il battit Bonni-Lass, pour un prix de 500 guinées, et quelques jours après Cléopâtre, pour un prix pareil ; en 1729, il fut deux fois vainqueur et ne fut battu qu'une fois. Ce cheval s'est montré excellent étalon, il a marqué profondément dans les généalogies, et il peut être classé au premier rang des reproducteurs de la race pure.

STARLING, appelé aussi Stalting, par Bay-Bolton et une fille de The-Brownlow-Turk.

Né dans le Oxforshire, chez le duc de Bolton, en 1725, ce fut un excellent cheval de course. Devenu la propriété de M. Leedes, on l'employa comme étalon ; il fut père d'Acaster-Starling, de Torrismond, de Skim de Moro, de Jason, de la grand'mère de Soldier, etc.

Ce célèbre cheval courut pour la première fois à quatre ans,

à Leyburie, en 1731 : il arriva second, probablement à cause
de la chute qu'il fit dans cette course ; car, dans la même
année, il fut vainqueur à Ambledon , battant 14 chevaux. En
1732, il gagna une course à Newmarket, battant 5 chevaux.
En 1733, il fut encore vainqueur dans une course de 300 guinées, à Newmarket. La même année, il remporta aussi à
Lewes la course de Sa Majesté , battant 9 chevaux, et à Lincoln une autre course, battant 6 chevaux. Il courut seul à
Newmarket, aucun cheval n'ayant osé se mesurer contre lui.
Enfin, il termina sa carrière de course, en 1734, à Newmarket,
en remportant la course royale pour les chevaux de six ans.

Yg-Cartouch, par Cartouch et une fille de Hampton-Court-Chesnut-Arabian.

Né chez le duc de Sommerset, en 1730, il parut sur le turf
en 1736; il portait alors le nom de Flush. Il fut second dans
la course des Dames, avec Kouli-Khan. Plus tard , il courut
un grand nombre de fois et fut vainqueur dix fois sur douze.
C'est à ses succès , comme course, qu'il dut surtout sa réputation comme étalon. Il mourut en 1759.

Squirt, alezan, par Bartlett's-Childers et Snake-mare.

Né en 1732, chez lord Portmore, ce cheval fut un coureur
des plus renommés, de son temps. A sa première course, en
1737, il arriva second avant Lath, battant 10 chevaux. Il
parut 17 fois sur le turf et fut vainqueur six fois, et bien placé
dans les autres courses. Il se montra digne de devenir le grand
père d'Éclipse, qui, d'ailleurs, lui ressemblait de poil et de
conformation. Squirt est encore un exemple des jouets de la
fortune, comme Godolphin Arabian , Marske, etc.; il ne doit
qu'au hasard son illustre renommée. Ce cheval avait été un
beau et bon coureur, mais il était tombé en de mauvaises
mains; et l'histoire rapporte que, devenu prématurément vieux
et usé, il était arrivé à un tel état qu'il fut envoyé au chenil

pour la nourriture des chiens. Un groom lui sauva la vie, après de longues et vives sollicitations. Peu après, ce cheval dédaigné, méconnu, devint le père de Marske, de Syphon et d'autres excellents chevaux. Quel vide, dit un auteur, la mort d'un tel reproducteur eût laissé dans les annales du turf !

LATH, bai, par Godolphin-Arabian et Roxana.

Né chez lord Godolphin, en 1732, il ne parut que trois fois sur le turf; mais il s'y fit remarquer par ses succès. En 1737, il gagna un prix considérable à Newmarket, battant Squirt et 10 autres chevaux, et un autre prix, battant Little-Partner. En 1738, il battit encore Squirt dans une poule. Ces victoires constantes le placèrent haut parmi les étalons renommés d'Angleterre, et les succès de ses fils n'ont point démenti ses prouesses.

CADE, bai, par Godolphin-Arabian et Roxana.

Né en 1735, chez lord Godolphin, il courut peu: il gagna un beau prix en 1740, battant plusieurs chevaux ; il fut plusieurs fois second. Cade fut un des premiers fils de Godolphin-Arabian; il était propre frère de Lath, qui fut la première gloire de son père. Cade était de trois ans plus jeune que Lath ; il perdit sa mère, Roxana, très-jeune, et fut élevé au lait de vache. Il surpassa son frère Lath comme étalon, et fut regardé comme le premier producteur de son époque. Il fut père de Matchem, de Schangelling et d'un grand nombre de chevaux et juments. Il mourut à 22 ans, en 1756.

SEDBURY, par Partner et Old-Montagu-mare,
par Woodcock.

Né en 1735, chez lord d'Arcy, sa mère, Old-Montagu-mare, fut ainsi appelée parce qu'elle était fille d'une jument provenant de l'élevage de lord Montagu, lequel, à l'époque de Charles II, était renommé pour son Haras.

Ce cheval est cité par les auteurs anglais comme un modèle de perfection; il joignait à un corps robuste une poitrine large et profonde, des membres forts, distingués et d'une admirable harmonie.

Peu de chevaux, surtout à cette époque, parurent plus souvent sur le turf, et aucun n'eut une aussi longue suite de succès : il courut vingt-quatre fois, fut vainqueur dix-neuf fois, et cinq fois second.

TRAVELLER, par Partner et une fille d'Almanzor.

Né en 1735, chez M. Osbaldeston, il remporta plusieurs prix dans les courses royales, et produisit un grand nombre de bons chevaux. Il fut père de Squirel, de Dainty-Davy, de la mère de Morwick-Ball, etc.; il mourut en 1759, à 25 ans.

On fut longtemps avant de reconnaître le mérite de ce cheval. Il ne servait que des juments communes, et surtout de celles de l'espèce des bidets ; cependant, quelques-uns de ses descendants, nés de juments ordinaires, montrèrent tant de qualités qu'on se décida à lui donner des poulinières de sang; mais ce ne fut que lorsque Squirel, son fils, parut à Newmarket que l'on reconnut toute sa valeur. Il était trop tard, le cheval était vieux et ne pouvait plus se reproduire. Ce n'est pas le seul exemple de ce genre que l'on peut citer, nous en aurons beaucoup d'autres par la suite.

VOLUNTER, par Y. Belgrade et une fille de Bartlett's-Childers.

Né en 1735, chez M. Wyvill, ce cheval courut pour la première fois en 1741 ; mais il eut peu de succès, n'étant arrivé que second dans toutes ses courses : il prit sa revanche les années suivantes, et fut six fois vainqueur dans des courses importantes. Il s'est fait une bonne réputation comme reproducteur.

DORMOUSE, bai, par Godolphin-Arabian, et Partner-mare.

Né en 1736, chez lord Godolphin, ce cheval a peu couru, et cependant il a paru pendant quatre ans sur les hippodromes, cinq fois premier et une fois second. Il s'est montré très-bon reproducteur. Il mourut en 1757, à l'âge de 19 ans.

RÉGULUS, par Godolphin-Arabian, sa mère par The-Bald-Galloway.

Né en 1739, chez lord Chedworth, ce cheval est une des hautes célébrités du turf britannique. Il gagna sept prix royaux dans une seule année, en 1745; il ne courut qu'une fois en 1746, et ne fut jamais battu. Il fit ensuite la monte dans les comtés du Nord, et se montra très-bon étalon. Il produisit Adolphus, Trajan, la mère d'Éclipse, la grand' mère d'Highflyer et d'autres excellents chevaux et juments. Il mourut en 1765, à 26 ans.

BLANCK, par Godolphin-Arabian et Little-Hartley-mare.

Né chez lord Godolphin, en 1740, ce cheval, qui s'est très-bien reproduit, ne fut pas remarquable par ses courses : il ne courut que trois fois et fut battu deux; il ne gagna qu'une course sans importance, et mourut en 1768, à 28 ans.

BABRAHAM, bai, par Godolphin-Arabian et Large-Hartley-mare.

Né en 1740, chez lord Godolphin, il était déjà employé comme étalon quand il courut pour la première fois, en 1746. Il fut alors battu par Starling, et depuis, dans les dix courses où il parut, il fut tantôt vainqueur, tantôt vaincu, mais toujours honorablement placé. Il mourut en 1760, à 20 ans.

TARTAR, bai, par Partner et Méliora, par Fox.

Né chez M. Leeds, en 1743, ce cheval fut d'abord appelé Partner, du nom de son père. Il se montra excellent cheval de course. Il parut dans huit courses, et fut presque toujours vainqueur. Mais c'est surtout comme étalon qu'il s'acquit une haute réputation. Il fut père de King Herod, de Beaufremont, de Miner, enfin, de la mère de Mercury et de plusieurs autres juments célèbres. Il mourut en 1759, à l'âge de 16 ans.

SAMPSON, par Blaze et une fille de Hip.

Né chez M. Preston, en 1745, il appartint plus tard à M. Robinson, au nom duquel il remporta, à l'âge de six ans, cinq prix royaux, et fut père d'Engineer, de Bay Malton, etc. Il mourut en 1777, à 32 ans.

CHANGELLING, bai, par Cade et Partner-mare.

Né en 1744, chez M. Fenwick, il ne paraît pas avoir jamais couru, et s'est néanmoins montré très-bon reproducteur ; son nom est cité dans plusieurs bonnes généalogies.

SHAKESPEARE, par Obgoblin et Little-Hartley mare.

Né en 1745, chez M. Meredith, dans le comté de Kilkenny, il était arrière-petit-fils de Darley's-Arabian par Aleppo, fils de Darley's et père d'Obgoblin. Ce cheval n'a couru que trois fois. Placé honorablement dans les deux premières courses, il fut vainqueur d'une manière très-brillante dans la troisième, en battant plusieurs bons chevaux. Plusieurs personnes ont pensé qu'il pouvait être père d'Éclipse.

SOLDIER, alezan, par Sedbury et Bartlet's-Childers-mare.

Né en 1747, chez M. Rogers, il offrait un développement considérable de puissance musculaire. Ce cheval a concouru pendant trois ans et a été sept fois vainqueur sur onze courses. Il s'est fait, depuis, une grande réputation comme étalon.

Matchem, bai, par Cade et Partner-mare.

Né en 1748, chez M. Holmes de Carlisle, il fut acheté par M. Fenwick de Bywellen Northumberland. Son sang est de la plus haute réputation en Angleterre, et, comme reproducteur, nul cheval ne s'est élevé plus haut que Matchem. Père de Conductor, il forme un des canaux par lesquels le sang de Godolphin coule dans les veines de Sorcerer et de tant d'autres excellents chevaux.

Matchem, tel que le représentent les portraits qu'on a de lui, ne laissait rien à désirer comme taille et conformation; ses performances sont brillantes, quoiqu'il ait été quelque fois battu; mais il courut avec honneur pendant cinq ans, de 1753 à 1758. Comme Éclipse et plusieurs des chevaux de cette époque, il ne commença à courir qu'à cinq ans. Il fut le meilleur cheval de son temps. Parmi ses exploits, on cite sa lutte contre Trajan, qui seul de tous les chevaux qui partirent pour cette course, ne fut pas distancé. Le parcours était de 3 milles 3[4 et 93 verstes (6 kil. 219 m. 98 c.); on dit que le temps mis par Matchem n'excéda pas sept minutes vingt secondes. Comme étalon, Matchem s'est élevé à une haute réputation; la liste de ses produits, qui ont paru sur l'Hippodrome, contient deux cent un noms, qui ont gagné huit cent un prix de courses, montant à la somme énorme pour le temps, de 151,097 guinées (13,777,425 fr.), sans compter les coupes. On dit que la monte de Matchem rapporta à son propriétaire 17,000 guinées (325,000 fr.). Ce cheval doit être placé au rang des étalons de premier ordre. Il mourut en 1781, à 33 ans.

Ce cheval faisait la monte dans le Yorkshire à 50 guinées.

SPECTATOR, par Crab et Partner-mare.

Ce cheval naquit en 1749, chez M. Panton ; il mourut en 1772, à 23 ans.

Il courut pendant trois ans, et sur huit courses, il fut huit fois vainqueur.

MARSKE, bai, par Squirt et Blacklegs-mare.

Né en 1750, chez M. John-Hutton, à Marske, près Richémont, dans le comté d'York. Il fut père d'Éclipse. N'étant encore que poulain, il fut changé par son propriétaire pour un cheval arabe que lui donnait le duc de Cumberland. Le duc lui donna le nom de Marske à cause de son lieu de naissance. Il descendait de Darley's Arabian par la ligne paternelle, et deux fois de Lister Turk par la ligne maternelle. Ses courses furent honorables, entre autres il battit Brillant, et d'autres bons chevaux dans une course en quatre milles; mais, en général, c'était un cheval peu sûr, et qui se laissait battre quelquefois sans causes connues. Aussi à la vente du duc de Cumberland fut-il vendu pour quelques livres à un fermier du comté de. d'Orcet, où il faisait la monte pour une demi-guinée. Quelque temps après, M. Wildman l'acheta de ce fermier pour 20 livres, lequel se trouva bien payé à ce prix.

Cependant son mérite se fit connaître peu à peu, et avant que la renommée d'Éclipse, son fils, lui eût acquis son immense réputation, son prix de monte fut élevé à 30 guinées. Bientôt cependant, Marske fut considéré comme le premier étalon d'Angleterre, et fut acheté par lord Abingdon 1,000 guinées, son prix de monte fut porté à 100 guinées; il couvrit ensuite, pendant une saison, à 300 guinées. Éclipse ne fut pas le seul produit hors ligne de Marske, il eut encore Honest-Kil, Shark, Sarken et autres. Marske produisit plus de cent cinquante vainqueurs qui rapportèrent à leurs propriétaires, rien qu'en prix établis sans les paris, au moins 71,806 livres (179,250 fr.). Il mourut en 1772, à 22 ans.

SYPHON, alezan, par Squirt et Patriot-mare.

Né en 1750, chez M. Fenwick, ce cheval courut, en 1754, trois fois et fut trois fois vainqueur. En 1775, il parut à Newmarket et arriva second; depuis ce temps, ce cheval abandonna le turf et fut consacré à la reproduction.

SNAP, bai, par Snip et Fox mare.

Né en 1750, chez M. Sandwich, il mourut en 1777, à 27 ans.

Ce cheval fut un des meilleurs chevaux de son époque; dans la seule année, 1756, où il courut, sur cinq courses il fut cinq fois vainqueur.

CHAUNTER, bai, par Triffle et Childers-mare.

Né en 1752, chez lord Craven, dans le Yorskshire.

Ce cheval courut en 1756, à quatre ans, il arriva second; la même année, il fut trois fois vainqueur sur trois courses.

ENGINEER, par Sampson et une fille de Y.-Grey-Hound.

Né en 1756, chez M. Fenton, il mourut en 1782, à 26 ans. Il fut vainqueur à New-Malton en 1760; à Black-Hembleton en 1760; en 1761 à Newmarket; en 1761, il gagna 500 guinées, battant Paulogs; en 1761, il remporta la coupe Royale, et en 1762, il arriva deuxième avec Skip-Jack, pour la grande souscription de la ville d'York. Engineer faisait la monte dans le Yorkshire à 10 guinées.

KING-HEROD, bai, par Tartar et Cypron, par Baze, fils de Flying-Childers.

Né en 1758, chez le duc de Cumberland, il ne courut qu'à cinq ans, et ne commença sa carrière de course qu'en 1763; il la continua avec succès jusqu'en 1767, battant les meilleurs chevaux de son temps. Tous les auteurs sont d'accord pour célébrer sa vitesse, son fond et sa belle conformation. Aussi fut-il placé au premier rang comme étalon. De 1771 à 1780, trois cent cinq de ses produits coururent sur les hippodromes, et gagnèrent 1,106 prix, montant à la somme de 20,505 guinées (512,625 fr.), sans compter les coupes, vases, etc. Parmi ses produits, dont la réputation fut la plus grande, on trouve Anvil, Ascot, Argos, Bourdaux, Buccaneer, Boxer, Changeller, Florizel, Fortitude, Guilford, Highflyer, Phœnomenon, Woodpecker, etc., tous chevaux de mérite. King-Herod descendait de Byerley-Turc, par Zigg, Partner et Tartar, et c'est sur la célébrité de cet étalon et celle de ses descendants, qu'il est d'usage en Angleterre d'appeler Byerley-Turck *le sang d'Herod*. Ce cheval faisait la monte dans le Süffölk à 25 guinées.

BAY-MALTON, par Sampson et Cade mare.

Ce cheval est né en 1760, chez M. Arpton de Malton. Il courut à quatre ans, et après la première course il fut vendu au marquis de Rockingham. Sa taille était élevée, il avait quinze paumes. Quoique du sang, peu à la mode alors, de Sampson, il obtint de grands succès et gagna des sommes considérables. Son triomphe principal fut à York, en 1766, où il battit les meilleurs chevaux, entre autres King-Herod, ayant fait les quatre milles portant huit stones sept livres, en sept minutes quarante-trois secondes, vitesse inconnue jusqu'alors. Il mourut en 1780, à 22 ans.

TORTOISE, par Snap et Chepherd's-Crab-mare.

Né en 1762, chez M. Crops, il mourut en 1776, à 14 ans, ce cheval ne courut qu'à cinq ans. Il gagna à son propriétaire un prix de 50 livres à Wishbeeh, un autre à Burford, et un autre à Odsey, enfin un grand prix de 100 guinées à Newmarket. Peu de temps après, devenu la propriété de M. Vernon, il gagna encore un prix de 140 guinées à Newmarket.

L'année suivante, il remporta cinq prix, dont un de 300 guinées, à Newmarket.

Ce cheval faisait la monte à Scarborough à 10 guinées.

PACOLET, gris, par Blanck et Whiteneck.

Ce cheval est né en 1763, chez lord Grosvenor, il gagna
un prix à l'âge de quatre ans, et trois autres prix, dont un
de 500 guinées, en 1768.

ÉCLIPSE, alezan, par Marske et Spiletta, mère de Garrick et de
Proserpine.

Né en 1764, chez le duc de Cumberland, sa généalogie est
inscrite partout, nous ne la répéterons pas ici. Éclipse est,
comme on le sait, le plus fameux cheval que l'Angleterre ait
produit, soit par la pureté de son sang, la magnificence de sa
conformation, la prodigieuse vitesse dont il fit preuve, vitesse
sans égale, sans en excepter celle de Flying-Childers, son devancier, enfin le nombre de ses produits et leur mérite
relatif.

L'histoire d'Éclipse est trop connue pour qu'on s'y arrête
longuement, nous nous bornerons ici aux traits principaux.

Éclipse fut ainsi nommé parce qu'il naquit le 5 avril 1764,
jour de la fameuse éclipse, chez le duc de Cumberland.
On raconte beaucoup d'anecdotes sur sa naissance comme
sur celle des héros fameux ; la légende et le roman même
s'en sont emparés. Tout le monde connaît l'historiette de
M. Eugène Sue à ce sujet. A la mort du duc, il fut vendu
75 guinées seulement à M. Wildman, qui le céda en partie
d'abord, puis ensuite en totalité au colonel O'Kelly. Éclipse
était alezan, avec une balezane postérieure droite très-haut
chaussée, laquelle, par parenthèse, se retrouve chez un grand
nombre de ses descendants, à plus ou moins de générations.
Sa taille était assez élevée pour l'époque, quinze paumes
et demie. Il avait la poitrine large et profonde, les épaules

très-longues, musclées et très-obliques; son arrière-main était
d'une force et d'un ensemble remarquables; il brillait surtout
par la longueur de toutes ses lignes, circonstance qui explique
la grande étendue de terrain qu'il couvrait dans son galop; enfin, son aspect général offrait tout à la fois l'image de la grâce,
de la force et de la perfection idéale du cheval.

Éclipse ne parut sur les hippodromes qu'à l'âge de cinq ans.
Il fut employé comme étalon à sept ans. Le faible travail auquel il fut soumis pendant cet intervalle, ne servit qu'à aug-
menter sa vigueur et sa puissance régénératrice, sans nuire
à son organisation et à la netteté de ses membres; ses courses
n'étant pas disputées, ne lui donnèrent pas grand mal.

Éclipse gagna, dans sa courte carrière de course, onze prix
royaux, dont dix au poids de douze stones, et un seulement
au poids de dix stones. Il ne fut jamais battu, ne paya jamais
forfait, et distança même la plupart des chevaux de son époque. Il distança Pensionner et battit Bucephalus, les plus re-
doutables de son temps. Jamais la cravache ni les éperons ne
lui effleurèrent les flancs; jamais il n'eut besoin de la moindre
excitation; on dit même qu'on ne connaît pas toute sa vitesse,
ce cheval n'en ayant jamais eu besoin pour distancer ses rivaux.
On sait l'anecdote attribuée à son propriétaire O'Kelly, qui,
dans une course où Éclipse était engagé, avait parié de placer
d'avance tous les chevaux : « Éclipse premier, dit-il, tous les
autres distancés. » Il gagna son pari.

Comme étalon, Éclipse n'a jamais été dépassé par aucun
cheval pour le mérite et le nombre de ses produits. Il produisit près de quatre cents vainqueurs, dont on peut lire les noms
dans les *Annales des courses.* On a calculé que les prix rem-
portés par ses propres fils, ont été au nombre de huit cent quarante-trois, et se sont élevés à la somme de 158,047 livres
(4,551,175 fr.), somme considérable à cette époque. Tous
les chevaux de courses de notre époque ont du sang d'Éclipse,
et par suite, il est arrivé, par les croisements, à une telle diffu-
sion, qu'on peut bien dire avec vérité, en France et en Angleterre, qu'il est très-peu de chevaux, même de demi-sang, qui

ne tiennent par un filon quelconque à cette illustre origine.

Éclipse rapporta à son maître, tant en courses que comme étalon, près de 200,000 livres (3,000,000). Ce cheval illustre mourut en 1789, à l'âge de 25 ans.

PAY-MASTER, par Blank et Snapdragon.

Né en 1766, chez M. Shafto, il mourut en 1791, à l'âge de 25 ans. Ce cheval fut d'abord appelé Ismond. Sa mère fut payée 500 guinées à la vente de M. Shafto; la sœur fut vendue le même prix.

Ce cheval faisait la monte dans le Yorkshire, à 10 guinées.

CONDUCTOR, par Matchem et Snap-mare.

Né en 1767, chez M. Pratt, il mourut en 1790, à 23 ans.

Conductor faisait la monte dans le Suffolk, à dix guinées. Il fut père d'Imperator, de Trumpator, de Cantator et de plusieurs excellents chevaux.

FLORIZEL, bai, par Hérod et Cygnet-mare.

Né en 1768, chez M. Blake, il mourut en 1791, à 23 ans.

Ce cheval faisait la monte dans le Norfolk, et s'est très-bien reproduit.

SWEET-BRIAR, par Syphon et Shakespeare-mare.

Né en 1769, chez lord Grosvenor, dans le Chestershire, ce cheval était un de ces types puissants dans lesquels semble s'être réunie toute la perfection de la race équestre : corps robuste, belle et puissante poitrine, tête charmante, membres forts, à tendons détachés et d'une admirable netteté. Il était un des dignes membres de cette magnifique pléiade chevaline, qui se rajeunissait sans cesse à la source du sang d'Orient, et après laquelle on ne trouva si souvent que des chevaux manqués et décousus.

PRETENDER, alezan, par Marske et
Bajazet-mare.

Né dans le Berkshire, chez lord Abingdon, en 1774, il
courut quatre fois, en 1775. Sa première course fut fort belle:
il battit un champ de sept chevaux fort bien composé ; il gagna
aussi deux autres courses, et ne fut battu que dans un match
où il arriva troisième. En 1776, il fut vainqueur une fois,
reçut une fois forfait, et fut battu dans une troisième course.
En 1777, sur quatre courses, il fut trois fois vainqueur. Enfin
en 1778, sur deux engagements, il paya forfait une fois à
Mosquerade et fut battu l'autre.

Ce cheval s'est montré excellent reproducteur.

SHARK, bai, par Marske et
Snap-mare.

Né en 1771, chez M. Pigot, dans le Staffordshire, Shark
doit être considéré comme un des meilleurs chevaux qui aient
paru en Angleterre. Il était d'une excellente conformation, son
corps et sa croupe offraient surtout la plus admirable harmonie. Il donna le jour à un poulain nommé Chrysolithe, qui
gagna le grand prix de Nottingham en 1777, battant Pot-8-
Os, Tremamondo, etc. Malheureusement il mourut jeune,
quand son possesseur, M. Swinfen, venait d'en refuser 18,000
guinées. Shark fut digne de ses nobles parents : entraîné à
trois ans, il courut pendant quatre saisons, pendant lesquelles
il eut trente-six engagements ; il courut vingt-neuf courses et
gagna dix-neuf fois, sans compter la course de Clermont, d'une
valeur de 120 guinées, onze barriques de vin de Bordeaux et
la cravache, toutes choses qui peuvent cependant bien se
compter, dit Lawrence. Il gagna 16,057 guinées en prix, paris, etc. Quoique remarquable coureur, Shark ne se fit pas de
nom en Angleterre par ses produits; il fut envoyé en Amérique,
où il mourut.

Pot-8-Os, alezan, par Éclipse et Sportsmistress, par Warren's-Sportsman.

Né en 1773, dans le Berkshire, chez lord Abingdon, il
mourut en 1800, à 29 ans. Peu de chevaux ont eu une carrière
de course aussi bizarre que ce cheval. Il débuta à trois ans,
en 1776, et fut vainqueur deux fois dans l'année. Il appartenait
à lord Abingdon; à quatre ans, il fut battu cinq fois dans cinq
courses successives, et ne fut même bien placé que deux fois;
fut vainqueur dans un petit prix et battu honteusement par
des chevaux médiocres dans l'autre. Mais le destin de ce cheval devait changer : vendu à Lord Grosvenor, il se montra, à
six ans, le premier cheval de son année, en battant les meilleurs
chevaux dans six courses consécutives; enfin il termina sa
carrière d'hippodrome en 1780 par les plus brillantes victoires;
il fut huit fois vainqueur sur dix courses, et deux et troisième
dans les deux autres.

Pot-8-Os devint un des plus célèbres reproducteurs d'Angleterre.

WOODPECKER, alezan, par Herod et miss Ramsden, par
Old Cade.

Né en 1773 chez sir Davers, il mourut en 1798, à 25 ans.
Ce cheval fut célèbre par ses victoires, et courut pendant
plusieurs années. Sur les 30 courses dans lesquelles il fut engagé, il compte 25 victoires et des placements honorables.

Ce cheval a donné d'excellents produits.

HIGHFLYER, bai, par Herod et Rachel.

Né en 1774, dans le Suffolk, chez sir Charles Bunbury, il
fut vendu, à l'âge d'un an, à sir N. Bolingbroke; sa taille était
élevée et sa conformation ne laissait rien à désirer. Highflyer
fut un des meilleurs chevaux de course de l'Angleterre; il n'a
jamais payé forfait et il n'a jamais été battu. (Voir le *Stud
Book* anglais, 1er volume, page 1056.) Aussi bon reproduc-

teur que cheval de course, il devint bientôt un des étalons
favoris, et sa réputation, comme père, l'a placé au premier
rang parmi les célébrités du turf britannique. La mère d'Highflyer n'avait jamais couru, mais les succès de son fils prouvent qu'elle aurait pu paraître avec avantage sur les hippodromes ; car il faut remarquer ceci : qu'un cheval peut être
très-bon coureur, quoique son père et sa mère n'aient jamais
couru, parce qu'on peut supposer qu'ils l'auraient fait avec
succès ; tandis qu'il est hors d'exemple que le produit de
chevaux reconnus impropres à l'hippodrome, par leur défaut
de vigueur et d'énergie, devienne lui-même un cheval de mérite.
Highflyer laissa 270 produits qui ont gagné 970 prix. Parmi
ses fils on trouve : Bolton, Cowslip, Diamond, Escape, Guilford, Buckingham, Sir-Peter Teazle, Skyscraper, Traveller,
et autres qui ont tous marqué parmi les meilleurs chevaux
de leur époque. Buckingham et sir Peter Teazle surtout,
deux des plus illustres champions d'Angleterre, auraient seuls
suffi pour placer Highflyer au premier rang des étalons anglais.
Il mourut en 1793, à 19 ans. Il faisait la monte à Ély, dans le
Cambridgshire, à 15 guinées.

KING-FERGUS, alezan, par Éclipse et Polly, mère de Pontifex,
né en 1775 chez M. O'Kelly.

Ce cheval ne commença sa carrière de course qu'à 4 ans,
son début ne fut pas brillant : sur 3 courses il fut 2 fois troisième et reçut une fois forfait. A 5 ans, il prit sa revanche, et sur
6 courses fut 5 fois vainqueur et une fois second. King-Fergus
était tombé boiteux à l'âge de 3 ans, et avait eu le feu. Il
devint un des bons reproducteurs de son temps.

WEASEL, bai, par Herod et Eclipse-mare.

Né en 1776, chez M. Huchinson, ce cheval courut deux
fois en 1780, à l'âge de 4 ans, et fut placé second les deux
fois ; mais il prit sa revanche l'année suivante, et sur huit

courses fut cinq fois vainqueur, entre autres de la coupe d'or
de Richmont. En 1793, il gagna 3 prix sur 4 courses. Consacré plus tard à la reproduction, il se fit une grande réputation
par le mérite de ses produits.

FORTITUDE, bai, par Herod et Snap-mare.

Né en 1777, chez M. Swinfen, ce cheval gagna 4 prix importants sur cinq courses, en 1781, à l'âge de 4 ans et en 1782.
Il mourut en 1789, à l'âge de 12 ans.

BOUDROW, bai, par Eclipse et Sweeper-mare.

Né en 1777, chez M. O'Kelly, il mourut en 1797 à 20 ans.
Ce cheval courut à 3 ans, il fut 3 fois vainqueur et reçut forfait du duc de Cumberland. L'année suivante, en 1781, à l'âge
de 4 ans, il gagna 4 beaux prix. En 1782, il remporta 10
victoires, battant des chevaux supérieurs ; en 1783, il gagna
encore un prix, mais fut battu deux fois.
Employé à la reproduction, il se montra bon reproducteur.

CROP, gris, par Turf et Coombe Arabian-mare.

Né, en 1778, dans le Sussex, chez sir J. Love, il est mort en
1801, à 23 ans.
Ce cheval gagna 5 courses sur 6, en 1781, à l'âge de 3 ans,
et 5 sur 5 en 1782 : là se termina sa carrière de course.

FORTUNIO, bai, par Florizel et Nettletop.

Né en 1779, chez sir Bunbury, il est mort en 1802, à 22 ans.
Ce cheval gagna 4 courses sur 7, en 1782, à l'âge de 5 ans;
6 sur 14, où il fut engagé, en 1783 ; vendu l'année suivante à
M. England, il gagna 6 courses sur 6. En 1785, il courut au
nom de M. Pool, et gagna 2 courses sur 4, battant de très-
bons chevaux. En 1786, il gagna encore 3 prix au même propriétaire.

Dungannon, bai, par Eclipse et Aspasia par Herod.

Né en 1780, chez M. O'Kelly, il est mort en 1808, à 28 ans. Ce cheval courut à 3 ans : en 1783, et gagna 6 prix sur 7 engagements; en 1784, il gagna 8 prix sur 10; en 1785, il gagna 9 prix sur 9; en 1786, il gagna, 4 prix sur 4. C'est-à-dire que ce cheval fut vainqueur dans toutes les courses où il parut; c'est une des grandes renommées du turf anglais. Devenu étalon, il se fit une haute réputation par ses produits.

Phaenomenon, alezan, par Herod et Frenzy, par Eclipse.

Né dans le Surrey, en 1780, chez sir J. Kaye, il fut envoyé en Amérique, où il mourut en 1798, à 18 ans. Ce cheval fut engagé 4 fois à l'âge de 3 ans, et fut vainqueur dans deux courses, dont le Saint-Léger; en 1784, il fut 10 fois vainqueur pour 10 engagements ; en 1785, il ne courut qu'un prix qu'il gagna. C'est à cette époque qu'il fut vendu pour l'Amérique. C'était un magnifique cheval, aussi remarquable par sa force et sa conformation que par ses succès; et il est permis de croire qu'il se fût fait un grand renom comme producteur, s'il fût resté dans sa patrie.

Saltram, bai, par Eclipse et Virago, par Snap.

Né dans le Suffolk, en 1780, chez M. Parker, ce cheval courut à 3 ans, en 1783, et gagna 3 prix sur 3 engagements ; en 1784, il gagna 1 prix sur 3 ; en 1785, il arriva second contre Dunganon et premier contre Cantator, dans un pari considérable, à Newmarket.

Delpini, avant Hackwood, gris, par Highflyer et Countess, par Blanck.

Né dans le Yorkshire, chez le duc de Bolton, en 1784, mort en 1808, à 27 ans, ce cheval courut une fois à 3 ans, et gagna un prix à Newmarket, à 4 ans; en 1785, il gagna 3 prix sur 4 engagements; en 1786, 5 prix sur 6.

ROCKINGHAM, avant Camden, bai, par Highflyer et Purity, par Matchem.

Né en 1784, chez M. Wentworth, il mourut en 1799, à 18 ans. Ce cheval ne courut qu'une fois à 3 ans, en 1784, et gagna le prix; en 1785, il gagna 4 prix sur 6 engagements; en 1786, 6 prix sur 10, dont une coupe royale à Newmarket.

OBERON, bai, par Florizel et Snap-mare.

Né en 1782, chez M. Fox; mort en 1808, à 24 ans, à l'âge de 3 ans, ce cheval gagna 3 prix sur 7 engagements; l'année suivante, il en gagna 4 sur 7.

TRUMPATOR, noir, par Conductor et Brunette, par Squirrel.

Né en 1782, chez lord Clermont, il mourut en 1808, à 26 ans. Ce cheval, à l'âge de 3 ans, gagna 3 prix sur 7 engagements; en 1786, il en gagna 7 sur 7.

SIR PETER-TEAZLE, bai, par Highflyer et Papillon, par Snap.

Né en 1784, chez lord Derby, il gagna 6 prix en 1787. Appelé au commencement Sir Peter, il fut un des meilleurs reproducteurs que l'Angleterre ait jamais possédés. Il courut, à l'âge de trois ans, et pendant deux ans seulement, il gagna 4,030 guinées (100,750 fr.), sans compter son Derby et d'autres prix, tels que coupes, vases, etc. Ses descendants, au nombre de 287, ont remporté 1,084 prix. Parmi les plus célèbres on trouve: Ambrosio, Agonistes, Coriolanus, Cardinal, York, Chester, Expectation, Haphazard, Van-Dick, Taurus, Walton, etc. Il mourut en 1811, à 27 ans.

Escape, bai, par Highflyer et Squirrel-mare.

Né en 1785, chez M. Franco, ce cheval courut pendant quatre ans, et fut neuf fois vainqueur dans des prix importants; il s'acquit une grande réputation comme reproducteur.

Pipator, bai, par Imperator et Brunette,
par Squirrel.

Né en 1786, chez lord Clermont, il mourut en 1804, à 17 ans. Ce cheval courut pendant cinq ans, il remporta peu de prix; mais il fut toujours bien placé, et fut considéré comme un des bons chevaux de son époque.

Coriander, bai, par Pot-8-Os et Lavender.

Né en 1786, chez M. Dawson, ce cheval courut sans succès, à l'âge de trois ans; mais l'année suivante, il gagna 6 prix et obtint encore de beaux succès les années suivantes. Il est très-renommé comme étalon, et fut entre autres père de Cinnamon, d'Hyacinthus, de Marcia, etc.

Precipitate, alezan, par Mercury et Herod-mare.

Né en 1787, chez lord Egremont, il mourut en allant en Amérique, à 16 ans. Ce cheval gagna quatre courses, en 1790; l'année suivante, il arriva second dans une course et ne fut pas placé dans deux autres. En 1792, il gagna trois prix, dont la coupe du roi à Lewes.

Overton, bai, par King-Fergus et Herod-mare.

Né en 1788, chez M. Hutchinson, il mourut en 1801, à 13 ans. Ce cheval gagna quatre prix, à l'âge de trois ans; depuis cette époque il n'obtint pas de succès dans les courses, il n'en est pas moins regardé comme un bon reproducteur.

WHISKEY, bai, par Saltram et Calash, par Herod.

Né en 1789, chez le prince de Galles, ce cheval ne paraît avoir couru qu'en 1793, où il gagna quatre prix : il appartenait alors à M. Durand. Il s'est fait une grande réputation comme reproducteur. Il était doué d'une forte taille et l'un des chevaux les plus vites qu'Éclipse ait produits; il fut père d'Éléonor, de Julia, de Bombo et de beaucoup d'autres bons chevaux.

GOHANNA, bai, par Mercury et Herod-mare.

Né en 1790, chez lord Egremont, il mourut en 1815, à 25 ans. Il fut second dans le Derby, en 1793, lequel fut gagné par Waxy. Excellent cheval, d'un remarquable ensemble et d'une grande distinction, sa taille était peu élevée, mais il possédait de grandes longueurs dans les directions articulaires. Il eut les plus brillants succès de course, ne fut battu que par Waxy seul, et mérita à bon droit de passer pour une des célébrités du turf anglais. Ses produits se sont fait remarquer par leurs mérites comme coureurs et comme pères.

WAXY, bai, par Pot 80's et Maria par Herod.

Né en 1790, chez sir F. Poole, vainqueur du Derby en 1793, ce cheval, d'une très-belle conformation, fut un des meilleurs de son temps. Il gagna 3 prix, en 1793; 4 en 1794; et plusieurs les années suivantes, jusqu'en 1797, où il tomba broke down, en courant pour la coupe d'Oxford. Il ne trouva pas de rivaux, excepté Gohanna, qui le battit une fois, et qu'il battit à son tour, toutes les autres fois qu'ils se rencontrèrent. Ce cheval était aussi remarquable par sa douceur, son liant, et la régularité de ses allures que par sa vitesse. Il avait encore dans ses veines toute la fraîcheur du sang oriental; aussi s'est-il montré excellent reproducteur, et, outre le célèbre Walebone qui suffirait seul pour glorifier sa paternité, on sait qu'il illustra la lettre W. par sa noble descendance, parmi laquelle on cite : Woful, Wire, Wamba, Whisker, etc. Il est vrai que tous ces chevaux étaient fils de la célèbre Pénélope; mais il eut encore avec d'autres juments des fils célèbres.

Quatre de ses fils gagnèrent le Derby, Pope en 1809, Walebonne en 1810, Bluker en 1814, Whiska en 1815. Deux de ses filles gagnèrent les oaks: Musée en 1813, et Minuet en 1815. Waxy mourut en 1818, à l'âge de 28 ans.

HAMBLETONIAN, par King-Fergus et Highflyer mare.

Né en 1792, chez M. Hutchinson, il mourut en 1818 à 26 ans. Ce cheval avait deux éparvins très-marqués. C'est un des chevaux qui ait eu la carrière de course la plus longue et la plus fructueuse : il gagna 6 prix en 1795, dont le Saint-Léger et la coupe de Doncaster ; 4 prix en 1796, dont les mille guinées de Newmarket ; 7 prix en 1797. Ce cheval ne paraît pas avoir couru en 1798 ; il reparut sur le Turf en 1799, et gagna le prix de 3,000 guinées à Newmarket et le Doncaster Stakes ; en 1800, il gagna une grande souscription à York, après quoi il fut entièrement consacré à la reproduction. Ce cheval appartint successivement à M. Hutchinson, à M. Turner et à M. Vane's, pour le compte duquel il courut depuis 1797. Hambletonian s'est parfaitement reproduit dans sa descendance et est compté parmi les meilleurs reproducteurs d'Angleterre.

KING-BLADUD, bai, par Fortunio et Magnolia, par Marske.

Né en 1792, chez M. A. Day, ce cheval fut appelé primitivement sir Ferdinand ; il prit le nom de King-Bladud en devenant, plus tard, la propriété de M. Brereton. Ce cheval gagna 4 prix en 1795, au nom de M. Berkeley's; 5 prix en 1796, au nom de M. Brereton, ainsi que plusieurs autres prix dans les années suivantes. King-Bladud était très-fortement établi et a remarquablement couru : aucun cheval de son époque n'a gagné plus de prix royaux portant 12 stones. Il mourut en 1819, à 27 ans.

STAMFORD, bai brun, par Peter-Teazle et Horatia, par Éclipse.

Né en 1794, chez sir S. Standish, ce cheval gagna 5 prix en 1797, dont la coupe de Doncaster; 4 prix en 1798, 2 prix en 1799: il appartenait alors à M. Standish. Il mourut en 1820 à 26 ans.

BOBTAIL, alezan, par Precipitate et Bobtail par Eclipse.

Né en 1795, chez lord Egremont, ce cheval a rempli une longue carrière de course; il parut sur le turf pendant sept années et y remporta des succès éclatants. Il n'avait d'ailleurs rien de remarquable comme conformation, et on ne voit pas que sa descendance se soit fait une grande renommée. Il mourut en 1822, à 27 ans.

WORTHY, bai, par Pot-8-Os et Maria par Herod.

Né en 1795, chez sir F. Pool, ce cheval était propre frère de Waxy, il remporta 4 prix en 1800, et ne paraît pas avoir couru depuis cette époque: il s'est fait une bonne renommée comme reproducteur. Il mourut en 1814, à 19 ans.

SORCERER, noir, par Trumpator et Giantess par Diomed.

Ce cheval est né dans le Suffolk, en 1796, chez sir C. Bunbury, au grand Borton; il avait 16 paumes et un pouce, très-grande taille pour l'époque, mais qui dès lors se fit remarquer de plus en plus dans la race pure, qui longtemps, comme nous l'avons dit, par suite sans doute de l'influence du sang arabe, n'avait pas en général dépassé 15 paumes. Ce cheval était du meilleur sang possible, il réunissait en lui le sang de Byerley Turc, des Arabes Darley et Godolphin, de Barto, de

Childers, de Partener, de Cade, de Matchem, du Snap,
d'Herod, de Squirrel, et de la plupart des chevaux les plus
fameux. Sorcerer avait à la fois une grande vitesse et un grand
fond ; il obtint de beaux succès de course et devint ensuite
l'étalon le plus en vogue d'Angleterre au commencement de ce
siècle; il mourut en 1821, à 25 ans.

DICK ANDREWS, bai, par Joë Andrews et Higflyer-mare.

Né en 1797, chez M. Lord, ce cheval remporta 5 prix
en 1800 ; 9 prix en 1801, étant devenu la propriété de
M. Rooke's, 6 prix en 1802; 6 prix en 1803, appartenant à
M. Sackvill's. On voit que ce cheval, remis à l'entraînement,
gagna encore 2 prix en 1806. Il mourut en 1816, à 19 ans.
En général, ses descendants se font remarquer par la légèreté
et la beauté de leur tête.

HAPHAZARD, bai brun, par sir Peter et miss Hervey, par Eclipse.

Né en 1797, chez lord Darlington, ce cheval fut trois fois
second en 1800 ; il gagna 6 prix en 1801; 6 prix en 1802,
6 prix en 1803 et 3 prix en 1804. Ce cheval, très-renommé
pour son fond et pour sa vitesse, s'est montré très-bon reproducteur. Il mourut en 1821, à 24 ans.

QUIZ, bai, par Buzzard et miss West, par Matchem.

Né en 1798, chez M. Crompton, ce cheval gagna 2 prix
en 1801, dont le St-Léger; en 1802, étant devenu la propriété
de M. Dawson's, il gagna 5 prix, 6 prix en 1803, 2 en 1804,
4 en 1805 et 2 en 1806. Il appartenait alors à M. Neale's.
Son sang était excellent et il se fait remarquer dans plusieurs
bonnes généalogies : il mourut en 1826, à 28 ans.

WILLIAMSON'S, bai, par sir Peter et Dungannon-mare.

Né en 1800, chez sir N. Williamson's, ce cheval était frère de Walton et de Lancaster; sa mère, Dungannon, était sœur de Fancy; il fut consacré de bonne heure à la reproduction, mais sa descendance a laissé peu de traces, ce qui peut être en partie attribué à sa mort prématurée. Il gagna le Derby en 1803 et mourut en 1811, à 11 ans.

BRAINNWORM, alezan, par Buzzard et Skyscraper-mare.

Né en 1801, chez M. Boyce, ce cheval obtint de grands succès de course et courut pendant 6 ans; mais, comme le précédent, il mourut jeune et il a peu marqué dans la reproduction. Il est mort en 1812, à 11 ans.

CERBERUS, alezan, par Gohanna et Herod-mare.

Né en 1802, chez lord Egremont, ce cheval, en 1805, courut 2 fois sans succès, mais en 1806, il gagna 6 prix et obtint encore pendant les années suivantes de beaux succès de course.

GOLUMPUS, bai, par Gohanna et Catherine, par Woodpecker.

Né en 1802, chez lord Egremont, ce cheval, après avoir bien couru, s'est montré très-bon reproducteur.

SELIM, alezan, par Buzzard et Alexander-mare.

Né en 1802, chez le prince de Galles, ce cheval était très-léger de conformation, peu fourni dans sa croupe, et mince dans ses membres; aussi son sang est-il plus apprécié pour la vitesse que pour le fond. Il mourut en 1825, à 23 ans.

ORVILLE, bai, par Beningbrough et Evelina,
par Highflyer.

Né en 1799, chez lord Fitz William, ce cheval est un des
plus renommés parmi les étalons anglais; sa conformation ne
laissait rien à désirer comme force et comme élégance; il s'est
montré excellent reproducteur. Il mourut en 1826, à 27 ans.
Vainqueur du Derby, du St-Léger, et de plus de 20 autres
prix importants: sa carrière de course commença à 2 ans.

WALTON, bai, par Sir Peter et Dungannon-mare.

Né en 1799, chez sir H. Williamson, ce cheval courut 3 fois
à l'âge de 3 ans, en 1802, et fut honorablement placé; l'année
suivante, il remporta 3 prix, 8 prix en 1804, dont plusieurs
coupes royales, enfin 6 prix en 1805. Walton doit être compté
parmi les étalons de tête d'Angleterre, tant par ses succès sur
le turf que par sa conformation et le mérite de sa descendance. Il mourut en 1825, à 26 ans.

REMEMBRANCER, bai, par Pipator et Queen-Mab,
par Mercury.

Né en 1800, chez lord Strathmore, ce cheval gagna 6 prix
en 1803, dont le Saint-Léger et la coupe de Doncaster; l'année
suivante, il gagna encore 4 prix, puis il fut consacré à la reproduction, et s'est acquis une bonne réputation par sa descendance. Il mourut en 1829, à 29 ans.

SIR OLIVER, bai, par Sir Peter et Fanny, par Diomed.

Né en 1800, chez lord Gray, ce cheval débuta par des
succès éclatants, et il gagna 9 prix en 1803, à l'âge de trois ans;
parmi ces prix se trouvait la coupe d'or de Doncaster; il fut
consacré de bonne heure à la reproduction, et son sang se
retrouve dans les meilleures généalogies. Il mourut en 1829,
à 29 ans.

FYLDENER, bai, par Sir Peter et Fanny, par Diomed.

Né en 1803, chez M. Clifton, ce cheval gagna 4 prix en 1806, dont le St-Léger et courut jusqu'en 1809 avec quelques succès; il s'est très-bien reproduit. Il mourut en 1829, à 26 ans.

WHITELOCK, bai, par Hambletonian et Rosalind,
par Phœnoménon.

Né en 1803, chez M. Garforth, ce cheval est peu remarquable par ses performances, cependant il s'est montré bon reproducteur.

PIONEER, bai brun, par Whiskey et Prunella, par Highflyer.

Né en 1804, chez le duc de Grafton, mort en 1825, à 21 ans, ce cheval a bien couru, et tient sa place dans plusieurs généalogies célèbres.

SCUD, bai, par Beningbrough et Eliza, par Highflyer.

Né en 1804, chez M. Hewett, ce cheval n'a pas eu de grands succès dans les courses, il a cependant donné quelques bons produits. Il est mort en 1825, à 20 ans.

JUNIPER, alezan, par Whiskey et Jenny Spinner.

Né en 1805, chez le major Wilson, ce cheval courut pendant plusieurs années et obtint de grands succès; il s'est montré très-bon reproducteur.

RUBENS, par Buzzard et Alexander-mare.

Né en 1805, chez le prince de Galles, ce cheval débuta par de bons succès dans les courses et fut de bonne heure consacré à la reproduction; il acquit bientôt une grande renommée par le mérite et la belle conformation de ses produits. Rubens doit être considéré comme un des chevaux de tête d'Angleterre. Sa race se distingue par une forte charpente, une grande harmonie et une haute distinction.

MARMION, bai, par Whiskey et Y. Noisette, par Squirrel.

Né en 1806, chez sir J. Shelley. Ce cheval fournit une bonne carrière de course; sa conformation était excellente et il a donné de bons produits.

POPE, bai, par Waxy et Prunella, par Highflyer.

Né en 1806, chez le duc de Grafton; vainqueur du Derby en 1809. Ce cheval, outre le Derby, gagna 7 prix à 3 ans; en 1810 il en gagna 5, et 4 en 1811. Quel que soit son mérite comme coureur, il ne s'est pas fait remarquer à un égal degré dans sa descendance.

WHALEBONE, bai brun, par Waxy et Pénélope, par Trumpator.

Né en 1807, chez le duc de Grafton, vainqueur du Derby en 1810; il mourut en 1831 à 24 ans.

Pénélope, mère de Walebone, fut une de ces juments à sang puissant qui impriment leur passage dans de longues générations. Après Walebone elle produisit Webb, qui fut grand'mère de Bay Midleton, vainqueur du Derby; Woful, étalon de 1er rang, qui fut père d'Augusta et de Zinc, tous deux vainqueurs des Oaks, et de Théodore, vainqueur du Saint-Léger, Wilful et Wire, qui furent toutes deux envoyées en Irlande, où ils ont laissé d'excellents produits. La dernière produisit Valve, laquelle fut mère de Pussy, vainqueur des Oaks; Whisker, vainqueur du Derby et excellent étalon, qui fut père de Memnon, vainqueur du Saint-Léger, battant un champ de 29 chevaux; — Whizgig, laquelle fut mère d'Omen, excellent cheval; d'Oxigène, vainqueur des Oaks; d'Olympic, très-bon coureur, et de Wamba, qui, envoyé dans les contrées secondaires, principalement dans le pays de Galles, ne pouvait pas y prouver son mérite d'étalon; il y produisit néanmoins de très-bons

6

et jolis chevaux. Walebone est regardé comme un des meilleurs chevaux que l'Angleterre ait produits. Il fut d'abord acheté par M. Ludbroke; à la mort de celui-ci, il passa dans les écuries de Lord Egremont, qu'il immortalisa par sa descendance. Walebone; faisait la monte à 20 guinées; il n'avait que 10 juments, en outre de celles de son propriétaire. Il mourut en 1818, à l'âge de 28 ans.

PHANTOM, bai, par Walton et Julia, par Whiskey.

Né en 1808, chez sir J. Shelley, vainqueur du Derby en 1811. Ce cheval gagna 7 prix en 1811, y compris le Derby; en 1812 4 prix, et 4 autres en 1813; il fut ensuite consacré à la reproduction; il a laissé une bonne descendance.

RAINBOW, par Walton et Iris.

Né en 1808. Ce cheval gagna 2 prix dans sa carrière de courses et obtint quelques bons placements, il fut ensuite consacré à la reproduction et fut importé en France en 1823. (Voir l'article qui le concerne au chapitre France.)

TRUFFLE, bai, par Sorcerer et Hornby Lass, par Buzzard.

Né en 1808 chez le colonel Udny. Ce cheval remporta 5 prix en 1811, 5 prix en 1812, 4 prix en 1813 et 3 prix en 1814; il fut importé en France en 1817. (Voir l'article qui le concerne au chapitre France.)

CAMERTON, par Hambletonian et Precipitate mare.

Né en 1808. Ce cheval gagna 6 prix en 1811, 4 prix en 1812 et 5 prix en 1813. Il fut importé en France en 1818. (Voir l'article qui le concerne au chapitre France.)

VANDYKE JUNIOR, bai brun, par Walton et Dabchick.

Né en 1808, chez M. Thompson. Ce cheval gagna 4 prix

en 1811 et fut bien placé dans quelques autres courses; il était d'une belle et forte conformation et a laissé un bon renom comme reproducteur.

SOOTHSAYER, alezan, par Sorcerer et Goldenlooks,
par Delpini.

Né en 1808 chez sir Thomas Gascoigne. Ce cheval a gagné 2 prix en 1811 dont le St-Léger; 1 prix en 1812 et 1 prix en 1813. Il obtint en outre de bons placements dans d'autres courses, il est cité comme un des bons reproducteurs de l'Angleterre.

VISCOUNT, gris, par Stamford et Bourdeaux mare.

Né en 1809 chez M. J. Acred. Ce cheval n'eut pas de succès dans les courses, il n'en est pas moins regardé comme un bon reproducteur.

COMUS, alezan, par Sorcerer, et Houghton Lass,
par Sir Peter.

Né en 1809, chez sir J. Shelley. Ce cheval gagna quelques courses en 1812 et en 1813, et fut de bonne heure consacré à la reproduction; c'était un cheval de la plus magnifique et de la plus pure conformation; son sang s'est répandu dans plusieurs généalogies; il est surtout remarquable par les mères qu'il a données, dont plusieurs se sont fait un grand renom tant par elles-mêmes que par leurs produits.

CATTON, bai, par Golumpus, et Lucy Gray par Thimothey.

Né en 1809, chez lord Scarborough, dans le Yorkshire. Ce cheval gagna 1 prix en 1812, 4 prix en 1815, 5 prix en 1716 et 1 prix en 1817. Comme on le voit, Catton a couru fort longtemps et toujours avec un grand succès. C'était un cheval d'une forte conformation et d'une distinction parfaite; il s'est fait une haute réputation comme reproducteur.

WOFUL, bai, par Waxy, et Pénélope,
par Trumpator.

Né en 1809, chez le duc de Grafton. Ce cheval gagna 3 prix
en 1812, 6 prix en 1813 et 2 prix en 1814. Il est estimé
comme reproducteur.

MULEY, bai brun, par Orville, et Eleonor,
par Whiskey.

Né en 1810, chez sir T. C. Bunbury, mourut en 1837,
à 27 ans. Ce cheval, dont la mère est des plus célèbres par ses
courses brillantes, se montra digne de sa race; il était de la
plus belle et de la plus forte conformation, et il est aussi célèbre par ses courses que par sa descendance.

TRAMP, bai, par Dick Andrews, et Gohanna mare.

Né en 1810, chez M. Wall, à Burton Yorkshire ; mort en 1835,
à 25 ans. Tramp fut un des premiers chevaux d'Angleterre ;
il réunissait le sang de Darley Arabian, Godolphin Arabian, et
Byerley Turc. Il était arrière-petit-fils d'Éclipse, et dans toute
sa généalogie se retrouvent les plus fameux chevaux antérieurs
à lui. Ce cheval fut entraîné à deux ans, mais il ne courut qu'à
trois. Il fit son début à Malton, Craven-Meeting, en 1813, où
il gagna un stakes de 100 livres et plusieurs autres prix. Il
courut 12 courses et fut 9 fois vainqueur. Son propriétaire
avait encore l'intention de le faire courir à cinq ans, mais étant
tombé boiteux, il fut employé à la reproduction. Son mérite
d'abord ne fut pas reconnu; son prix de monte ne fut fixé,
jusqu'en 1820, qu'à 5 guinées. Mais bientôt la supériorité de
ses produits lui fit une telle réputation, qu'il fut acheté 1,600
guinées par Frédérick Lumley. De 1822 à 1830, son prix de
monte fut de 25 guinées. Il changea encore de maîtres, par la
suite, à des prix très-élevés, pour l'âge qu'il avait alors. Tramp
était très-méchant, on avait une peine infinie à l'approcher; il

devint même tellement vicieux que cette circonstance abrégea
sa vie. Déjà, d'ailleurs, on s'apercevait que son mérite baissait
comme étalon, et on se détermina à le tuer dans le mois de
décembre 1835. Tramp était un magnifique cheval qui réunissait la plus grande force à la haute élégance que lui
avaient léguée ses nobles ancêtres. Il donna un grand nombre
de produits excellents; on cite parmi les plus remarquables :
Bay Builon, Lottery, Jupiter, Zinganée, Numple, Trampoline,
Mendicant, Cupid, Little-Red-Rower, Sir John, Liverpool,
Traveller, Dangerous, Saint-Giles, tous deux vainqueurs du
Derby; Barefoot, vainqueur du Saint-Léger, etc. La valeur des
prix gagnés par ses descendants monte à près de 68,000 livres
sterling, (1,700,000 fr.)

Doctor Syntax, bai brun, par Paynator et Beningbrough mare.

Né en 1811, chez M. Riddell; mort en 1838 à 27 ans. Père
de la célèbre Bees'Wing, une des meilleures juments qui aient
illustré le turf anglais; elle courut 59 fois et gagna 47 fois.
Ce cheval ne courut qu'à 4 ans; il gagna 6 prix en 1815,
4 en 1816, 2 en 1817, 4 en 1818, parmi lesquels les coupes
d'or de Lancastre, Preston et Richmond; en 1819 il gagna
encore les coupes d'or de Lancastre et Preston et le grand
prix de Richmond.

En 1820 il gagna encore 4 prix; 3 prix en 1821, 2 prix
en 1822. Il termina sa carrière de course en gagnant 3 prix,
en 1823, à l'âge de 12 ans. Peu de chevaux en Angleterre
ont eu une aussi longue et aussi brillante carrière de courses.
Il gagna 22 fois en battant les meilleurs chevaux de son
temps, et ne fut presque jamais battu lui-même. Doctor
Syntax était d'une magnifique conformation, très-fortement
établi dans toutes ses parties, quoique d'une taille peu élevée.
Il se distinguait surtout par l'harmonie de son ensemble; on ne
pouvait louer chez lui, comme chez beaucoup d'autres chevaux
fameux, une partie aux dépens d'une autre, la force de ses han-

ches, la profondeur de sa poitrine, la légèreté de son encolure et de sa tête ne laissaient rien à désirer, non plus que la puissance de ses membres, qui n'ont jamais paru se ressentir de ses courses et de son long entraînement. Doctor Syntax, malgré tous ses mérites, n'a cependant pas joui de toute la réputation qu'il devait avoir. On reproche à ses descendants de n'avoir pas toute la vitesse possible, quoiqu'on leur accorde, d'ailleurs, beaucoup de fond, d'harmonie et de tempérament ; mais c'est là le malheur de l'abus des courses qui fait négliger souvent les meilleurs types pour courir après des succès de mode.

PARTISAN, bai, par Walton et Parassól, par Pot 80's.

Né en 1811, chez le duc de Grafton, mort à 24 ans en 1835. Ce cheval était d'une taille élancée et pourtant très-élégant dans ses formes. Il commença ses courses à 3 ans en 1814, mais il ne se montra pas dès lors comme un cheval supérieur, et cependant il courut bien dans le Derby, tandis que Bonbon, qui passait pour le meilleur de l'année, ne fut point placé. L'année suivante (1815), Partisan prit une éclatante revanche. Il eut de beaux succès de courses. Il battit Bourbon et d'autres excellents chevaux. Son fond égalait sa vitesse. En 1816, il fut consacré à la reproduction : il produisit un grand nombre d'excellents chevaux, de manière à se faire un nom éternel dans les généalogies. Parmi ses produits nous citerons Enflon, Calédonian, Cream, Drover, Glaucus, Mameluk, Nanette, Godolphin, Roebuck, Rouhsivan, et un grand nombre d'autres.

WANDERER, bai, par Gohanna et Catherine,
par Woodpecker.

Né en 1811, chez lord Egremont, mort en 1830 à 19 ans. Ce cheval gagna 9 prix en 1815, 10 prix en 1816 et 5 prix en 1817. Il se montra bon reproducteur.

FILHO-DA-PUTA, bai brun, par Haphazard et Miss Barnet, par Waxy.

Né en 1812, chez M. Thomas Morland, à Finchley, il fut acheté poulain par sir W. Maxwell. C'est un des plus fameux chevaux que l'Angleterre ait produits; il courut à 2 ans et gagna plusieurs prix. En 1815 il gagna le Saint-Léger et plusieurs autres prix, battant les meilleurs chevaux de son temps. En 1816 il courut 4 courses qu'il gagna. Aussi l'année, suivante, lorsqu'il fut consacré à la reproduction, était-il précédé d'une belle réputation qui ne fit que s'accroître à mesure que ses produits parurent sur l'hippodrome; parmi les plus fameux on cite: Birmingham, Carouel, Docteur Faustus, Fils de Joie, Giovani, Joko, Mérétrix, Palatine; ses produits directs gagnèrent 663 prix. Filho-da-Puta mourut en 1835, à 23 ans.

WHISKER, bai, par Waxy et Pénélope, par Trumpator.

Né en 1812, chez le duc de Grafton, vainqueur du Derby en 1815, ce cheval, outre le Derby, gagna 5 prix en 1815 et 5 prix en 1816, époque à laquelle il termina sa carrière de course et fut consacré à la reproduction.

GAINSBOROUGH, bai brun, par Rubens et Ling, par Sir Peter.

Né en 1813, chez M. Bell, mort en 1837, à 24 ans, ce cheval a gagné 8 prix en 1816, 7 prix en 1817 et 6 prix en 1818.

Gainsborough était un cheval d'une conformation très-régulière et qui s'est montré bon reproducteur. Il a été très-fréquemment employé avec la jument de demi-sang.

BLACLOCK, bai, par Whitelock et Coriander-mare.

Né en 1814, chez M. Kirby, ce cheval avait un éparvin gauche qu'il a donné à quelques-uns de ses descendants, et qu'il tenait de son grand-père Hambletonian. Blaclock avait une tête forte et large, et ses descendants en ont gardé le type caractéristique, ainsi que ceux de son fils, Vélocipède. Il gagna 3 prix en 1817, 9 en 1818 et 2 en 1819.

STAINBOROUGH, bai brun, par Dick Andrews et Hornpipe, par Trumpator.

Né en 1814, chez lord Hitz William, il remporta 1 prix en 1817, 2 prix en 1818 et 2 prix en 1819.

Ce cheval, d'une belle et forte conformation, s'est montré très-bon reproducteur. Plusieurs de ses fils ont gagné des prix importants.

MASTER-HENRY, bai, par Orville et Miss Sophia, par Buzzard.

Né en 1815, ce cheval est un exemple de l'insuffisance de l'épreuve des courses seules, pour donner la mesure du mérite d'un étalon. Quoique Master-Henry fût un très-bon cheval et qu'il eût gagné un très-grand nombre de prix, il se montra très-médiocre étalon. En effet, sa-conformation était mauvaise: il avait les épaules lourdes et épaisses et sans aucune inclinaison. Les avant-bras étaient étroits et sans muscles, et il avait une tête lourde et pesante. Ses défauts, qu'il transmettait souvent à ses descendants, et qui n'étaient pas compensés chez eux par la force et la puissance musculaire du père, devaient le faire rejeter de la production dans un élevage bien entendu, quel que fut d'ailleurs son mérite personnel. Il gagna 2 prix en 1819, 2 prix en 1820, 8 prix en 1821 et 6 prix en 1822.

REVELLER, bai, par Comus et Rosette par Beningbrough.

Né en 1815, chez M. Peirse, ce cheval gagna le Saint-Léger en 1818. Il est célèbre par son origine, sa conformation et ses courses; il fut 15 fois vainqueur en battant les meilleurs chevaux de son époque. Il gagna 3 prix en 1818, 4 prix en 1819, 1 prix en 1820, 3 prix dont deux coupes d'or, en 1821, 2 prix en 1822 et la coupe d'or de Preston, en 1823.

ANDREW, bai, par Orville et Morel, par Sorcerer.

Né en 1816, chez M. Andrew, ce cheval courut 3 fois en 1819, et gagna 2 prix; à Newmarket, en 1820, il gagna 4 prix, et termina ainsi sa carrière de course.

SULTAN, bai, par Selim et Baccante par Williamson's Ditto.

Né en 1816, chez M. Crockford, ce cheval courut, en 1819, 3 courses et gagna 2 prix; en 1820, il courut 13 fois et gagna 4 fois; en 1821, il courut 5 fois et gagna 5 fois; en 1822, 3 courses et 2 prix; en 1823, 5 courses et 5 prix; en 1824, 5 courses et 1 prix. Il fut dès lors consacré à la reproduction. Sultan était un cheval de beaucoup de vitesse et de peu de fonds; c'est le genre de chevaux qu'encouragent les courses à courtes distances et à poids légers, qui ont été substituées aux courses sérieuses du siècle précédent. La réputation de Sultan le fit rechercher comme père : il faisait la monte à 40 guinées à Stamford; ses produits se sont montrés, comme lui, très-vites, mais peu ont été des chevaux supérieurs.

TIRÉSIAS, bai brun, par Soothsayer et Pledge,
par Waxy.

Né en 1816, chez le duc de Portland, ce cheval gagna le Derby en 1819. Il courut, en 1819, 11 fois et gagna 9 prix ; en 1820, 7 fois et gagna 5 prix. Quoique Tirésias ait produit quelques bons chevaux, sa réputation comme reproducteur n'est pas à la hauteur de celle qu'il s'était faite par ses courses.

WRANGLER, bai, par Walton et Lisette, par
Hambletonian.

Né en 1816, chez M. Peirse, en 1819, il courut 4 fois et

gagna 2 prix; en **1820**, il courut 5 fois et gagna 2 fois; en **1821**, il fut consacré à la reproduction et s'est fait une bonne réputation comme père.

LANGAR, alézan, par Sélim et Walton-mare.

Né en **1817**, chez lord Sligo, Langar était un étalon de premier rang, et il en est peu qui aient donné plus de chevaux de grande vitesse. Langar fut père d'Elis, vainqueur du Saint-Léger en **1836**; de Vulture, la jument la plus vite de son époque; de Potentate, cheval remarquable par ses victoires, et qui, dans la seule année **1839**, fut placé premier dans **15** courses différentes; de Montréal, d'Epirus, d'Epidora, et d'une infinité de chevaux et de juments remarquables par leur vitesse, mais qui comme tout ce qui partait du sang de Selim, avait plus de vitesse que de fond et n'était bon que pour les courses à poids léger et à courte distance: il faisait la monte à Parkington à 10 guinées.

SAINT-PATRICK, alezan, par Walton et Dick Andrews-mare.

Né en **1817**, chez sir E. Smith, vainqueur du Saint-Léger, ce cheval parut sur le turf en **1820**, courut 3 fois et gagna 3 prix, compris le Saint-Léger; en **1821**, il courut 3 fois et gagna 2 prix. Sa réputation comme reproducteur est bien établie.

WAVERLEY, bai, par Camerton et Delpini-mare.

Né en **1817**, chez M. Kneller, ce cheval parut sur l'hippodrome en **1820**; il courut 5 fois et gagna 1 prix ; Waverley fut consacré en **1821** à la reproduction et s'est montré très-bon reproducteur.

GODOLPHIN, bai, par Partisan et Ridicule, par Shuttle.

Né en **1818**, chez M. Neville, en **1821**, il courut, à 2 ans, et arriva second avec Sultan; en **1822** il courut 7 fois et gagna 5 fois, et en **1823** il fut consacré à la reproduction et envoyé

en Allemagne où il donna quelques produits, puis fut racheté
par M. Tattersal. Il a produit quelques vainqueurs en Angleterre; au reste, on lui a donné trop peu de juments supérieures
pour pouvoir le juger. Il faisait la monte dans le Chestenham
en 1830.

PETER LELLY, bai, par Rubens et Stella, par Sir Oliver.

Né en 1818, chez lord Stamford, ce cheval parut sur le turf
en 1821 et gagna 5 prix sur 9 courses; 4 prix sur 8 en 1822,
et 4 prix sur 7 en 1823. Devenu étalon, il fut considéré comme
un des meilleurs reproducteurs de son époque.

FIGARO, bai-brun par Haphazard et Selim-mare.

Né en 1819, chez lord Lowther, ce cheval parut sur le turf
en 1822 et gagna 2 prix sur 3 courses; il continua à courir
jusqu'en 1825 avec succès, et devint plus tard un des meilleurs étalons de son temps. Il faisait la monte à York au prix
de 12 guinées.

MOSES, bai par Whalebone ou Seymour et Gohanna-mare.

Né chez le duc d'York, en 1819, Moses était un très-joli
cheval, ayant beaucoup de sang, comme tout ce qui descend
de Gohanna. Il avait ce que les Anglais appellent beaucoup de
symétrie, mais il était un peu léger. Il avait la tête très-courte
et peu de muscles. Ses membres étaient légers et ses pieds de
médiocre qualité; du reste, il était parfaitement net de tares
et d'une bonne nature; c'était un étalon précieux qui s'est
parfaitement reproduit. Il courut avec succès pendant les
années 1822 et 1823 et fut vainqueur du Derby.

WANTON, bai par Woful et Shuttle-mare.

Né en 1819, chez sir Misgrave, ce cheval courut avec succès
en 1823 et gagna 5 prix sur 6 courses; en 1824, il gagna encore

2 prix sur 5 courses. Consacré à la reproduction, il s'est
montré bon reproducteur. Ce cheval ne parut plus sur le turf
à partir de 1825. Il faisait la monte au prix de 7 guinées à
Cattarrik-Bridge.

EMILIUS, bai, par Orville et Emily par Stamford.

Vainqueur du Derby en 1823, né en 1820, chez M. Udny,
mort en 1847 à 27 ans. Il courut 11 fois et gagna 8 prix y
compris le Derby, battant pour ce prix 10 chevaux, dont plusieurs de grand mérite. Il fut aussi vainqueur dans plusieurs
autres courses très-importantes; mais c'est surtout comme
reproducteur que ce cheval s'est fait une renommée immor-
telle. On cite parmi ses descendants : Priam, vainqueur du
Derby en 1830; Plenipotentiary, vainqueur du même prix
en 1834; Mango, vainqueur du Saint-Léger en 1837; Oxigen,
vainqueur des Oaks en 1831; Mouche, Lady Emily, Coriolanus, Egéria, Preserve, etc. Parmi ses produits venus en
France, nous citerons Y. Emilius, Gambetti, Ethelworth. Ce
magnifique cheval faisait la monte dans le Norfolk à raison
de 50 souverains par jument.

LOTTERY (ex Tinker) bai, par Tramp et Mandane par Pot-8-0's

Né en Angleterre, en 1820, il courut en 1824 et gagna 5 prix,
entre autres la coupe d'or à York; en 1825, 6 prix, en 1826
1 prix. Il fut ensuite consacré à la reproduction et fit la monte
dans le Yorkshire à 15 guinées. Ce cheval fut acheté pour la
France en 1834. (Voir la partie française).

BUZZARD, bai, par Blacklock et Delpini-mare, fille de la fameuse jument Tipple-Cider.

Né en 1821, chez M. Lumley, ce cheval courut 26 fois et
remporta 10 victoires. C'était un très-bel étalon, d'une conformation régulière et bâti en père. Parmi ses produits on peut
citer Phœnix, Bentey, le meilleur des poulains de deux ans

en 1833 ; Dedalus, Taway, Owl, Young-Quo-Minus, Miss-Hawk etc. Il faisait la monte chez M. Crockford à raison de 7 guinées à Newmarket.

BRUTANDORF, bai, par Blacklock et Mandane par Pot-8-o's.

Ce cheval est né en 1821, chez M. Watt. Il parut sur l'hippodrome en 1824 et obtint quelques succès. Cependant, il se montra inférieur comme cheval de course; mais consacré de bonne heure à la reproduction, il produisit un assez grand nombre de bons chevaux, et surtout de mères d'un très-bon ordre. Il faisait la monte à Reverby.

ACTOEON, alezan, par Scud et Diana, par Stamford.

Né en 1822, chez M. Milnes, ce cheval était un des étalons d'Hampton-Court, et fut vendu à la vente de cet établissement. Il avait une grande expression et un beau caractère de race ; aussi on rapporte que les Arabes qui vinrent conduire les chevaux envoyés par l'Iman de Mascate, s'extasièrent à sa vue, et qu'ils n'admirèrent que lui dans l'établissement. Ce cheval gagna 9 prix dans l'espace de 3 ans, et fut consacré à la reproduction en 1829. Il s'est bien reproduit.

CHATEAU-MARGAUX, par Walebone et Wasp, par Gohanna.

Né en 1822, chez lord Egremont, il parut sur le turf en 1826, et fut vainqueur, cette année, de 9 prix sur 11 : il courut encore avec avantage les deux années suivantes. Ce cheval, malgré ses succès, n'était pas d'une organisation très-puissante. Il tomba épuisé après un deat-heat, dans une course de 4 mille.

CAMEL, par Whalebone et Sélim-mare.

Ce cheval est né en 1822, chez lord Egremont. C'est une des hautes illustrations du turf anglais, et, quoique ne comptant pas un grand nombre de victoires, il fut le premier étalon de

son époque. On remarque, en effet, qu'il ne gagna que 6 prix,
sur 13 courses. Aussi, pendant quelque temps, fut-il un peu
délaissé comme reproducteur, et ce ne fut que lorsque Touchstone parut, que sa réputation n'eut plus de contradicteurs.
Parmi ses produits on peut citer : Caravan, Calisto, Reel,
Westonian, Touchstone, Lancelot, Camellino, Revake,
Wapite, Westonian, Black-Bess, Archy, Caméléon, Lampoon,
Misdeal, Mule, Worthless, etc., etc. On a calculé que, de 1833
à 1844, ses produits au nombre de 133, ont gagné 278 courses et rapporté 54,000 livres (1,350,000 fr.). Camel était
très-fort, et bâti comme un cheval de trait; il avait même
quelque chose de commun dans certaines parties : sa queue
était mal attachée, sa croupe avalée et presque double, et la
force de son encolure semblait plutôt faite pour supporter le
lourd collier que le léger filet de course.

Camel faisait la monte chez M. Théobald, à Stockwell, près
Londres, à raison de 25 souverains.

BEDLAMIT, par Welbeck et Maniac, par Shuttle.

Né en 1823, chez lord Kennedy, il parut sur l'hippodrome
en 1825, et fut trois fois vainqueur, sur 3 engagements. Il
obtint encore quelques succès les années suivantes, et fut considéré comme un des bons reproducteurs de son époque.

Il faisait la monte à 10 guinées, dans le Straffordshire.

BELZONI, par Blacklock, et Manuella, par Dick-Andrews.

Né en 1823, chez M. Watt, ce cheval avait la tête très-
lourde et très-forte; mais il était très-bon du reste, d'une haute
taille et d'une forte et belle conformation. Avant le Saint-Léger, où il était le favori, on en avait refusé 10,000 guinées
(260,000 fr.). Sa défaite diminua les prétentions du propriétaire, qui le céda pour 800 guinées (20,800 fr.). Il avait un
éparvin au jarret gauche, héritage du sang paternel.

De 1826 à 1829, il fut 11 fois vainqueur.

Il faisait la monte dans le Leicestershire, à 10 guinées.

LAMPLIGHTER, par Merlin et Spotless par Walton.

Né en 1823, chez le colonel Wilson's, il parut sur le turf en 1828, et pendant quatre années, il fut 19 fois vainqueur.

Ce cheval n'avait pas une organisation très-robuste, mais il convenait bien pour des courses à petite distance. Il faisait la monte à Newmarket, à 10 souverains.

ROYAL-OAK, bai, par Catton et Smolensko-mare.

Né en 1823, chez M. Harisson, ce cheval parut sur le turf en 1826, et courut pendant deux ans, pendant lesquels il remporta 11 prix. Il fut consacré à la reproduction en 1828. Royal-Oak était un coureur d'une incontestable célébrité, et ses produits n'ont pas diminué sa réputation. Entre autres bons chevaux qu'il produisit en Angleterre, on peut citer Slane dont nous parlerons plus loin. Royal-Oak fut acheté, en 1833, par lord Seymour, et fut conduit en France, où il produisit d'excellents chevaux, comme nous le verrons à l'article qui lui est destiné. (Voir la partie française).

DÉFENCE, bai, par Whalebone et Défiance, par Rubens.

Né en 1824, chez M. Sadler, à Stokbridge, dans le Hampshire, ce cheval fut regardé comme un des plus vites de son temps, dans une époque où le racer anglais semble être arrivé à l'apogée de sa gloire. Défence, après avoir bien couru, a produit une famille qui a soutenu sur l'hippodrome la réputation de son père. Il est vrai de dire que, plus tard, peu de ses enfants ont obtenu de grands succès, à l'exception de Challenger et de Combat, qui se sont bien maintenus.

Parmi les descendants de Défence, dont on peut citer les noms, se trouvent : Combat, Cuirass, Tutela, Victoria, vainqueurs de douze courses en 1837; Tipple-Cider, Bulwark, vainqueurs des stakes de juillet en 1838; Déception, vainqueur des Oaks en 1839 ; Lolla-Rook, Barrier, Protection, the Emperor, etc.

LAUREL, bai-brun, par Blacklock et Prince-Minister-mare
(mère de Charles 12).

Né en 1824, chez le major Verburgh, il courut 27 fois et
gagna 12 fois, dont 8 *gold cupes*. Ce cheval a été célèbre
dans son temps, et était remarquable par sa conformation. Malgré son mérite, il n'a presque jamais sailli que des juments de
chasse. Les auteurs s'étonnent du petit nombre et de la qualité inférieure des juments données à Laurel ; en effet, ce cheval, dont la conformation était magnifique, avait pour lui ses
performances, qui ne le cédaient guère à aucun cheval de son
époque. Il courait pour tout poids et toutes distances, et l'on
ne sait comment s'expliquer sa défaveur. Malgré ses courses
nombreuses, les membres de Laurel avaient conservé la plus
grande netteté.

MAMELUKE, bai, par Partisan et Miss Sophia, par Stamford.

Né en 1824, chez lord Jersey; vainqueur du derby en 1827,
il parut sur le turf en 1827, et gagna 3 prix sur 5 ; en
1828, il gagna 3 prix sur 4, et en 1829, 3 prix sur 7. —
En 1829, il fut consacré à la reproduction, et vint en France
en 1837. Il est mort, en 1849, à vingt-cinq ans. Ce cheval était
très-brillant de conformation, mais très-léger : ce sont de ces
types que forment les courtes distances et les poids légers, et
qui font dégénérer le racer anglais depuis plusieurs générations. Il faisait la monte à Stockwell, à 10 guinées. (Voir la
partie française).

PANTALOON, alezan, par Castrel et Idalia, par Peruvian.

Vainqueur du Saint-Léger à Warvich ; né en 1824, chez le
marquis de Wesminster, il courut 8 fois et gagna 6 prix.
C'était un très-beau cheval, plein d'élégance et de sang. Son
propriétaire le garda presque uniquement pour son haras; il
eu obtint plusieurs produits remarquables, entre autres : Car-

dinal Puff, the lord Major, sir Ralph, etc. Parmi ses produits les plus célèbres nous citerons: Ghuznee, vainqueur des Oaks, et Satirist, vainqueur du Saint-Léger.

CADLAND, bai brun, par Andrew et Sorcery par Sorcerer.

Vainqueur du Derby en 1828. Né en 1825 chez le duc de Rutland. Plus fort, plus membru que régulier et distingué, Cadland se fit une grande réputation par sa victoire sur The Colonel dans le Derby de 1828. Il fut importé en France en 1833, où il est mort, laissant quelques produits remarquables, parmi lesquels nous citerons Nautilus, qui a si bien illustré le turf français. Cadland remporta 8 prix en 1828, 4 en 1829, et 5 en 1830. (Voir la partie française.)

THE COLONEL, alezan, par Whisker et Delpini-mare, fille de Tipple-cyder.

Vainqueur du Saint-Léger en 1828. Né en 1825, chez M. Petre, il fit quelques années la monte à Hampton-Court. Il fut vendu pour l'Allemagne en 1837, à la vente de cet établissement. D'après les auteurs anglais, c'était l'idéal du racer britannique; il était très-petit et sa taille ne dépassait pas 15 paumes 1 pouce. — Colonel était légèrement *broke down*, mais il n'en boitait pas. On dit que le roi d'Angleterre, à qui il appartenait lors de l'accident, l'avait payé 4000 guinées. Il parut sur le turf en 1827 et remporta 3 prix; l'année suivante 6. Il est mort en 1847, à 22 ans, ayant été racheté pour l'Angleterre.

VÉLOCIPÈDE, alezan, par Blacklock et Juniper-mare.

Né en 1825, chez M. Armitage. Il courut 10 fois et gagna 7 fois. Le sang de Vélocipède est des plus nobles, et plusieurs sportsmen assurent que ce cheval avait été le plus vite qui ait paru sur le turf. Quelques personnes ont critiqué la robe, les 4 balzanes et surtout la tête busquée de Vélocipède:

7

mais ses qualités rachetaient grandement ces petits défauts. Ses courses, à 2 ans, ne furent pas de nature à donner à son propriétaire de grandes espérances pour l'avenir. La réunion d'York fut son début dans sa brillante carrière. Vélocipède ayant toujours les jambes douteuses, fut difficile à maintenir en condition, ce qui lui fit perdre le Saint-Léger de 1828, quoique réellement supérieur à The Colonel; et d'ailleurs, on prétend qu'il convint à ses propriétaires de faire gagner The Colonel, par suite d'un calcul entièrement financier.

A 4 ans, il gagna la coupe de 200 souverains à York, et termina sa carrière de course en juillet, à Liverpool, en gagnant la coupe d'or, portant 8 stones 8 livres (54 kilog. 327), poids très-fort pour cet âge, battant l'un des meilleurs chevaux de l'année. Deux jours après cette course Vélocipède fut amené au poteau pour disputer le Stand-cup, gagné par Laurel; mais en l'essayant avant le départ, il devint tout à coup boiteux et fut mis hors de course. Comme étalon, Vélocipède ne tint pas tout ce qu'il avait promis; sa famille n'a pas tourné aussi bien qu'on le pensait d'abord. Parmi ses meilleurs produits nous citerons : The Queen-of-Trumps, vainqueur des Oaks et du Saint-Léger en 1835; Amato, vainqueur du Derby en 1830; Hornsea, vainqueur du Goodwood cup; Mickleton et Millepède. Il faisait la monte à York à 12 guinées.

ZINGANEE, par Tramp et Folly par Y Drone.

Né en 1825, chez le marquis d'Exeter, il fut d'abord acheté par M. Chifney, puis par Lord Chesterfield, enfin par le roi d'Angleterre. Il était d'un modèle remarquable et d'une grande force musculaire. En 1827, il courut 3 fois et gagna un sweep-stakes de 20 souverains par tête. En 1828 il gagna 1 prix sur 3 engagements, et en 1829 il fut 4 fois vainqueur sur 6 courses. Ce cheval est peu célèbre par sa descendance.

THE-ESQUISITE, noir, par Whalebone et Fair Helen
par The Wellesley-Grey-Arabian.

Né en 1826, chez M. Walker, il n'arriva que second dans le
Derby, et ne gagna jamais de prix. Il était d'une bonne conformation, et avait de belles longueurs, une grande netteté et
beaucoup de caractère oriental. Malheureusement on ne lui a
jamais donné que des juments de peu de valeur, ce qui fait
qu'on n'a pas pu juger ses produits.

SIR HERCULES, noir, par Whalebone et Péri par Wanderer.

Né en Irlande en 1826, chez lord Langford, où Péri, sa
mère, avait été conduite, étant pleine par Whalebone. Il
mourut en 1857, à 31 ans. Il courut 9 fois et gagna 7 fois.

Du plus beau sang possible, sir Hercules joignait à la noblesse de l'origine les qualités extérieures au plus haut degré.
C'est l'un des plus beaux chevaux qu'on ait vus. A ces qualités
incontestables, il faut joindre celles qui résultent de courses
brillantes, et on trouvera que cet étalon est tout à fait en première ligne, non-seulement par lui-même, mais aussi par ses
produits. Parmi les meilleurs on cite : Maria, Bird-Catcher,
Langford, Water-Witch, Mulgrave, Augean, Gipsy, Cruiskeen,
Faugh a Ballagh. Tous ces chevaux ont été le résultat de la
monte faite en Irlande en 1832 et 1833, Non moins heureux
en Angleterre, il a produit the Hydra, Hyllus, the Corsair,
Jenny Jones, Coronation, vainqueur du Derby en 1841, Iole,
Vibration, Robert de Gorham, etc. Il saillissait à 30 guinées.
Ce cheval est un exemple frappant que la beauté et l'harmonie
de la conformation devraient accompagner toujours les qualités de vitesse et de fond pour faire un bon étalon, car c'était
un des modèles les plus parfaits que l'on puisse voir. Aussi
s'est-il bien reproduit avec toutes sortes de juments, tandis
que les chevaux qui n'ont pour eux que le mérite de la vitesse
seule ne réussissent qu'avec quelques jumens spéciales.

VOLTAIRE, bai brun, par Blacklock et Phantom-mare.

Ce cheval est né en 1826, à Borough-Bridge. Il courut
6 fois et gagna 5 fois. Ce superbe étalon a parfaitement couru
à l'âge de 2 ans; et s'il ne fut pas plus souvent vainqueur
à 3 ans, et surtout à Doncaster dans le Saint-Léger, c'est
qu'il n'avait pas été bien monté. Sa course du jeudi suivant,
pour la coupe qu'il gagna si facilement, donnerait assez de
force à cette manière de voir.

Voltaire ne courut pas passé trois ans, par suite d'un accident. Nous citerons parmi ses principales productions : Hen-
riade, Slashing-Harry, Alziria, Conservation, the Cowboy, the
Black-Prince, the Dean, Harpurey, Charles XII, vainqueur du
Saint-Léger en 1839 , Voltigeur, Fair-Louisa. Il saillissait à 15
guinées en 1843, à Midlethorpe, près York.

ÉMANCIPATION, bai, par Whisker et Ardrossan-mare.

Né en 1827, chez M. Riddell. Il courut 8 fois et gagna
2 prix. Quoique ce cheval n'ait pas eu de grands succès dans
les courses, il n'en est pas moins regardé comme un bon
reproducteur.

LITTLE-RED-ROVER, alezan, par Tramp et miss Syntax
(sœur de Doctor Syntax).

Né en 1827, chez M. Risdale. Il courut 46 fois et gagna 17
prix. Ce cheval commença sa carrière à 2 ans; peu de chevaux
ont remporté un plus grand nombre de prix; il était un des
meilleurs chevaux de son temps sur l'hippodrome; mais une fois
étalon, il ne fut pas un des plus recherchés. Little-Red-Rover
faisait la monte à Greywell, près Odiham.

RECOVERY, alezan, par Emilius et Rubens-mare.

Né en 1827, chez le colonel Wilson. Comme coureur, il peut
supporter la plus sévère investigation, car il battit les meilleurs
chevaux de son temps. Sa conformation était régulière, sans
avoir rien de saillant. Il portait, comme tous les fils de ce cheval,

le cachet des Emilius. Comme étalon, il s'est très-bien reproduit, et ses fils ont eu des succès, entre autres : Taglioni, Maid-of-Monton, et surtout Retriever, l'un des plus vites de 1835. Ce cheval faisait la monte chez M. Tattersall, à raison de 10 guinées.

PRIAM, bai, par Emilius et Cressida par Wiskey.

Né en 1827, ce cheval fut un des plus célèbres de son époque, tant par sa belle conformation que par ses performances et le mérite de ses produits. En 1830 il fut vainqueur du Derby et 2 fois de la coupe de Goodwood, il courut 21 fois et remporta 18 victoires. Entre autres chevaux remarquables, Priam fut père de la jument *Crucifix*, une des merveilles du turf britannique.

Priam fut acheté pour l'Amérique au moment de l'apogée de sa gloire comme reproducteur.

COLWICK, bai brun par Filho-da-Puta, et Stella
par Sir Olivier.

Né en 1828, chez M. Beadsworth. Les performances de Colwick sont nombreuses et assez belles. A 2 ans, il courut 5 fois et fut vainqueur 2 fois, et second 2 autres fois, contre des poulains très-bien nés. A 3 ans, il courut pour le Derby et ne fut pas placé. La même année, il gagna un Sweep Stakes de 30 souverains chaque, battant Captain Bob et Wedlock. Il ne fut pas placé dans le Saint-Léger; et enfin il fut second contre The-Saddler dans un Sweep-Stakes à Doncaster, battant 3 autres chevaux de mérite. Colwick gagna la coupe de Chester à 4 ans, The Stand Cup à Liverpool; il courut encore 6 fois la même année, et gagna plusieurs prix importants. A 5 ans, il courut 3 fois et ne gagna qu'une fois; à 6, il gagna une course et arriva second dans une autre. Il fut battu deux autres fois. A 7 ans, il courut une fois et fut encore battu. Là se termina sa carrière de course. Si elle ne fut pas des plus brillantes, elle n'en fut pas moins honorable; car il courut contre tous les meilleurs chevaux de son temps. Il se montra très-bon reproducteur.

LIVERPOOL, bai, par Tramp et Whisker-mare.

Né en 1828, chez M. Watt. Il courut 22 fois et gagna 9 fois, mais toujours des prix importants et battant de bons chevaux. Si jamais étalon a mérité d'être classé parmi les plus fashionables, c'est bien Liverpool, car aux qualités extérieures, il réunissait une haute naissance.

Après avoir bien couru avec les poulains de deux ans, il fut vendu à M. Robinson, qui l'engagea dans le Saint-Léger en 1831, où il n'arriva que troisième.

A la suite de ces courses il fut acheté par le duc de Cleveland pour un grand prix; mais le noble duc gagna avec lui plusieurs grandes courses dans le nord de l'Angleterre. Parmi ses produits on cite The Commodor, Calypso, Lanercost, Wee-Willie, Malvolio, Naworth, British-Yeoman, cheval d'un grand mérite. De 1837 à 1844, ses produits directs, au nombre de 60, ont remporté 120 prix d'une valeur de 28,000 livres (710,000 fr.)

THE SADDLER, bai-brun, par Waverley et Castrellina, par Castrel.

Né en 1828, chez M. Martindal. A 2 ans, il se distingua dans une course gagnée par Circassian, et la même année il gagna un Sweep-Stakes de 20 souverains chaque.

En 1831, il gagna plusieurs prix importants. Il fut engagé dans le grand Saint-Léger de Doncaster, mais il fut battu par Chorister; il ne fut cependant battu que d'une tête, gagnant ainsi Liverpool, etc. A la même réunion, il gagna la coupe d'or, battant Emancipation. En 1834 se termina sa carrière de course, en tout 32 courses, 9 victoires. Sa descendance est digne de lui. Parmi ses produits, on cite: The Provost, The Shadow, The Currier, Inheritress, Dodger, The Duc-de-

Wellington, The Devil-Among, The Tailors, etc. Il mourut
en 1847, à 19 ans.

BEIRAM, alezan, par Sultan et Miss-Cantley, par Stamford.

Né en 1829, chez lord Exeter. Son début sur l'hippodrome
eut lieu à Ascot en 1831 ; ses succès furent nombreux cette
année-là, et il battit bon nombre de bons chevaux. De telles
victoires en avaient fait le favori du Derby, mais il y fut battu,
à Epsom, par Saint-Giles, qui gagna avec la plus grande facilité.
Comme étalon, il a donné de bons produits.

PHYSICIAN, bai, par Brutandorf et Primette, par Prime-Minister.

Né en 1829, chez M. Watt, importé en France en 1842,
mort en 1846, à 27 ans. Sur 16 courses, il remporta 10 victoires. C'était un cheval fortement établi, très-long dans toutes
ses parties, et d'un beau caractère d'étalon. Il a produit un
grand nombre de bons coureurs, parmi lesquels on cite :
Doctor-Caius, Galen, Gallipot. (Voir l'article *France*.)

GLAUCUS, bai, par Partisan et Nanine, par Sélim.

Né en 1830, chez le général Grosvenor. Précédé d'une belle
réputation dans les courses, Glaucus n'a pas tout à fait
répondu à l'attente des éleveurs; car si les succès de ses produits de 2 ans avaient fait espérer un précieux producteur dans
le fils de Partisan, la suite de leurs courses n'a pas été aussi
brillante que leur début.

Glaucus fut bien certainement le premier cheval de deux
ans de son année, mais il ne fut jamais droit. A 2 et 4 ans, il
battit tous les meilleurs chevaux de la saison, et sa supériorité
incontestable sur tous ses rivaux restera longtemps gravée
dans la mémoire des sportsmen, qui se rappellent avec admira-
tion ses courses à Ascot pour la coupe, et l'année suivante à
Goodwood, lorsqu'il portait un poids très-lourd contre un
champ redoutable composé de chevaux de premier ordre. ―
D'une taille élevée, d'une belle conformation, et ayant des al-

lures réputées dans son temps les plus douces qui fussent au
monde, Glaucus, malgré quelques déceptions causées par la
défaite de plusieurs de ses produits, sur lesquels on comptait
beaucoup, n'en est pas moins un étalon de grand mérite. —
Il est le père des chevaux dont les noms suivent, et qui ont eu
des succès: The Nob, Harpoon, Una, Refraction, Palœmon. —
Glaucus fut vendu en 1844 pour l'Allemagne. Il a fait la monte
dans le Mecklembourg.

MULEY-MOLOCH, bai-brun, par Muley et Nancy,
par Dick-Andrews.

Né en 1830, chez lord Cleveland, Muley-Moloch courut
17 fois et gagna 11 fois. Il eut de brillants succès de course.
Il débuta par la victoire du Champagne-Stakes, à Doncaster,
battant un champ respectable, puis du Saint-Léger de York.
Comme étalon, il s'est montré tout à fait supérieur; il est
père de Alice Hawthorn, de Cato, de Pagan, etc. Ce cheval avait
une grande puissance musculaire et une belle conformation,
mais ses membres laissaient à désirer comme force, et sa croupe
était peu fournie. Les anciens amateurs ne retrouvaient plus
dans cet animal, d'ailleurs remarquable, l'ensemble merveilleux des époques antérieures.

BRAN, alezan, par Humphrey-Clinker et Velvet, par Oiseau.

Né en 1831, chez lord Sligo. Bran était un des plus beaux
étalons de son époque, et un de ceux auxquels la conformation
et les performances donnaient la plus grande célébrité. Il remporta un grand nombre de prix; mais sa victoire la plus remarquable fut à York, en 1834, lorsqu'il battit Cotillon, Inheritor,
Goldbeater et Omnibus. Il fut favori pour le Saint-Léger,
dans lequel il fut second. Il gagna ensuite le Gascoigne-
Stakes, battant Shilelah. L'année suivante, il fut très-bon second, dans la coupe à Ascot, gagnée par Glencoe, et battant
un champ composé des meilleurs chevaux du moment. Livré
à la reproduction en **1837**, il donna d'excellents produits.

parmi lesquels on peut compter : Nell, vainqueur des Oaks en 1842, Meal, Combermere, Fish-Fag l'un des chevaux de 3 ans les plus vites, en 1842.

GLENCOE, alezan, par Sultan et Trampoline, par Tramp.

Né en 1831, chez lord Jersey. Il était d'une taille médiocre, mais rond et bien musclé. Au premier abord, il paraissait décousu, mais en y regardant de plus près, on voyait que ce n'était que le fait de la dépression de la ligne de son dos.

On reconnaît que les fils de Sultan avaient plus de vitesse que de fond, mais celui-ci y fait exception, et cela tient probablement à sa mère, qui sortait de Tramp; et c'est ce qui explique son succès dans les courses à longue ou à courte distance. Les produits de Tramp étaient renommés par leur fond ; la plupart faisaient les plus grands efforts jusqu'à la fin. Il courut 12 fois et fut vainqueur 10 fois, parmi lesquelles il gagna la coupe de Goodwood et celle d'Ascot; puis dans une de ses défaites il arriva troisième au Derby. Comme étalon, il s'est fait une grande réputation et est devenu père de chevaux très-remarquables.

INHERITOR, noir, par Lottery et Hand-Maiden par Walton.

Né en 1831, chez M. Cook. Ce cheval courut longtemps et avec avantage; il remporta 20 victoires sur 56 courses; devenu étalon, il fut acheté par la Belgique où il a donné, ainsi qu'en Angleterre, d'excellents produits, parmi lesquels on compte Brandy-Face, que la France possède aujourd'hui. Inheritor, acheté pour la France en 1848, mourut en arrivant. à l'âge de 17 ans.

PLENIPOTENTIARY, alezan, par Emilius et Harriet, par Périclès.

Né en 1831, chez M. Batson. Depuis Priam, aucun cheval n'avait joui, à trois ans, d'une semblable réputation. Il gagna le Derby en 1834 d'une manière très-brillante, et fut le favori pour le Saint-Léger de la même année. Mais on se rappellera longtemps de quel coup de foudre furent frappés

les nombreux parieurs en voyant leur favori arriver l'avant-
dernier; il faut nécessairement qu'il fût en mauvaise condition. Il faisait la monte dans le Cambridgeshire, au prix de
15 souverains. Ses produits sont généralement d'une belle
conformation. Parmi ses descendants, on cite Gander, Bar-
bara, Envoy, Nuncio, Potentia, William de Fortibus, The
Era, Humbug, Metternich, Coldrenick. Cependant, malgré
ces beaux résultats, Plenipotentiary a été peu recherché et a
sailli peu de bonnes juments.

Cet étalon était d'une grande taille, d'une grande force et
d'un aspect un peu matériel, qui prouve le travail qui se fait
incessamment dans la race pure, travail qui, s'il continue,
amènera certains types à un degré de gros et de commun qui
ne répondra plus à l'idée amélioratrice du cheval type; et si
nous ne craignions d'aller trop loin dans nos appréciations,
nous dirions que l'inégalité de ses courses, le peu de fonds
qu'il donne à ses produits, en général, sont autant de signes de
dégénération, et prouvent qu'il était *à bout de sang*, selon l'expression commune. Pour tout dire, Plenipotentiary ressemblait
beaucoup plus à un cheval de demi-sang fortement établi qu'à
un descendant des Flying-Childers et des Eclipse.

TOUCHSTONE, bai brun, par Camel et Banter,
fille de Master Henry.

Né en 1831, chez le marquis de Westminster. Les performances
de cet étalon sont aussi nombreuses que brillantes; il courut
27 fois et remporta 21 victoires, parmi lesquelles on compte
le Saint-Léger. Il courut à deux ans, en 1833, et fut plusieurs
fois vainqueur; en 1834, il courut un grand nombre de fois, et
obtint les plus beaux succès; à quatre ans, il fut encore plusieurs fois vainqueur, et battit, entre autres, pendant cette saison, Général-Chassé et Hornsea. En 1836, âgé de 5 ans, il
gagna la coupe d'Ascot, celle de Doncaster et celle de Heaton-
Park. En 1837, il finit sa carrière de course en battant facilement le célèbre Rockingham. Devenu étalon, il est regardé

comme un des plus célèbres reproducteurs de l'Angleterre.

Touchstone avait 15 paumes 1|2 de hauteur; il était d'une très-forte et très-belle conformation. Malheureusement la dégénérescence de son sang se faisait remarquer dans ses membres, qui n'avaient pas toute la netteté et toute la densité désirables; aussi tous ses produits, quelques mérites qu'ils aient d'ailleurs, manquent-ils par cette partie essentielle comme tout ce qui descend de Master Henry. On ne saurait avoir trop d'égard à cette circonstance dans les accouplements. Touchstone doit être rangé néanmoins parmi les étalons de premier rang.

Il a produit plusieurs chevaux remarquables, au nombre desquels on cite : Auckland, Blue-Bonnet, Surplice, Jack, Cotherstone, Orlando, Dilbar, Cœlia, Rosalind, Brocardo, Assault, Strongbow. Il faisait la monte à raison de 40 souverains par jument.

Touchstone a produit trois vainqueurs du Derby : Cotherstone, Orlando et Surplice; c'est aussi le père de Mendicant, vainqueur des Oaks en 1846, de Blue-Bonnet, vainqueur du Saint-Léger en 1842 et de Newminster, vainqueur du Saint-Léger en 1851.

Sheet Anchor, bai-brun, par Lottery et Morgania, par Muley.

Né en 1832, chez M. Golden. On prétend que lord George Bentinck offrit à M. Thompson 100 guinées et Bay Midleton, en échange contre Sheet Anchor. Il courut souvent et remporta plusieurs prix; mais le grand événement de sa carrière de course est le handicap de Portland en 1836, qu'il gagna très-facilement. Comme étalon, ce cheval fut père d'excellents chevaux, entre autres Weatherbit, Cable, Seguidilla, et surtout Collingwood, maintenant en France.

Hornsea, alezan, par Vélocipède et une Cerberus-mare, sa mère, miss Cranfield par sir Peter, etc.

Né en 1832, chez M. Richardson. Cet étalon aussi beau que célèbre a joui d'une faveur méritée en Angleterre. Ses performances sont des plus remarquables. Il courut 20 fois, et remporta 10 victoires, dont la coupe de Goodwood. Il ne courut pas à deux ans, mais à trois ans seulement; son début fut une victoire, car il gagna le Saint-Léger-Stakes de 25 souverains chaque, à Newcastle, battant cinq concurrents, issus des étalons les plus connus; à la même réunion, il fut second contre Muley-Moloch pour la coupe, et gagna à York le prix royal de 100 guinées, courant contre Zohras par Lottery, et Winkley par Vélocipède; il fut l'un des favoris pour le Derby, et arriva second à Doncaster contre Queen-of-Trumps, battant ainsi neuf chevaux, parmi lesquels se trouvaient Preserve, Ascot, Mundig, le vainqueur du Derby et Sheet-Anchor.

La même année, Hornsea fut encore vainqueur du Saint-Léger-Stakes, de 25 souverains chaque, à Heaton-Park, battant Pelops, Cavendish, Amurath et Stokport. A quatre ans, il se montra encore le meilleur cheval de l'année, en gagnant plusieurs courses des plus importantes. A cinq ans, Hornsea gagna encore la coupe d'or à Brighton, et The King's Plate de 100 guinées à Egham. De semblables succès de course, joints à une forte et belle conformation et à une origine des plus nobles, ont classé Hornsea parmi les étalons de tête.

Ascot, bai, par Reveller et Angelica, fille de Rubens.

Né en 1832, chez lord Orford, ce cheval, courant à 2 ans sur l'hippodrome dont il porte le nom, gagna facilement deux prix, battant un champ nombreux et bien composé. En 1835, ses débuts ne furent pas heureux à Newmarket; mais bientôt il se releva avec honneur et devint même un des favoris pour le Derby, dans lequel il ne fut battu que d'une tête par Mundig, succès qu'on attribue généralement à la force physique du jockey qui le montait. Il gagna aussi le Saint-Léger de Newmarket. Ascot était d'une grande taille et d'une forte et belle conformation. Il se montra bon reproducteur.

BAY-MIDDLETON, bai, par Sultan et Cobweb, fille de Phantom
et mère de Young-Emilius.

Né en 1833 chez lord Jersey.

On s'accorde à dire que depuis Vélocipède aucun cheval ne
courut aussi vite; mais sa carrière ne dura qu'une année, qui,
du reste, fut brillamment employée, puisqu'il gagna :

1° Les Riddesworth-Stakes de 2,600 livres, à Newmarket;

2° Les Two Thousand Guineas, à Newmarket, battant Elis,
après la plus belle lutte qui ait jamais eu lieu ;

3° Le grand prix du Michael-Stakes, de 1,450 livres, à Newmarket ;

4° Le Derby, évalué 3,475 livres, contre vingt et un concurrents, parmi lesquels se trouvaient Gladiator, Venison et
Slane : dans cette dernière course, Bay-Middleton gagna avec
une aisance qui se rencontre rarement au Derby. Enfin, à
Ascot-Heath, ce cheval, devenu célèbre par sa dernière et
brillante victoire, gagna encore 550 guinées. En réunissant les
prix gagnés par Bay Middleton, on trouve la somme de 9,825
livres sterling ou environ 245,000 fr., et cela pendant une seule
saison, 1836.

Au printemps de 1838, lord Bentinck acheta Bay-Middleton
moyennant 104,000 fr., et l'envoya à Stock-Bridge, pour y être
entraîné; mais il tomba boiteux pendant ses exercices, et sa
carrière de course fut terminée.

La carrière de Bay-Middleton, comme reproducteur, a eu
ses chances diverses : fort employé à son début, il fut ensuite
négligé pendant plusieurs années et ne se releva de cet abais-
sement que lorsqu'il eut produit Flying-Dutchman. On cite
de lui un grand nombre de bons chevaux, et malgré les tares de
ses jarrets, il doit être compté parmi les plus célèbres étalons
du turf anglais.

Gladiator, alezan brûlé, par Partisan et Pauline
par Moses.

Né en 1833, chez M. Walker, mort en 1857, à 24 ans, ce
cheval ne courut qu'une seule course. Engagé dans le Derby,
il arriva second avec Bay-Middleton.

Gladiator est un des chevaux les plus remarquables que
l'Angleterre ait produit : d'une taille moyennne, d'une élégance
indicible, doué d'une harmonie parfaite dans tout son ensemble, il n'a pas été apprécié comme il méritait de l'être. En
Angleterre même, il n'a eu que des juments de peu de mérite,
et cependant il a donné d'excellents produits, parmi lesquels,
il faut compter Joan-of-Arc, Napier, Sweet-Meat, et plusieurs
autres. Il faisait la monte en 1844 à Althorp, Northampton, à
raison de 20 souverains par jument. Venu en France en 1846.
(Voir l'article *France*.)

Slane, bai, par Royal-Oak et Orville-mare, issue
d'Epsom-Loss et mère de Minster.

Né en 1833, chez le Colonel Peel, cet étalon magnifique
de conformation et d'une grande netteté de membres, a été
très-journalier dans ses exploits : quelquefois il battit les
chevaux les plus renommés de son époque ; peu de jours après,
il fut vaincu par de misérables rosses. Le grand événement de
la carrière de course de Slane fut lorsqu'il gagna le bouclier
donné par lord Georges Bentinck, et les courses de Goodwood en 1837 ; car non-seulement sa victoire fut remportée
au petit galop, mais il courait aussi contre un champ nombreux
et bien composé.

Ce cheval fut l'un des favoris les plus recherchés pour le
Derby de 1836, qui fut gagné facilement par Bay-Middleton, et
Slane fut placé à peu près quatrième. Les produits de cet
étalon sont remarquables par leur forte et belle conformation,
et plusieurs se sont fait un nom sur le turf. On cite surtout

Capitain-Cook, Subduer, Sting, Glendower, Bullfinch, Little-Jack, Lady Conyngham, etc.

Slane saillissait à Hampton Court à raison de 15 guinées.

IRISH-BIRDCATCHER, alezan, par Sir Hercules et Guiccioli.

Né en Irlande, chez M. Hunter, ce cheval fut 6 fois vainqueur dans 15 courses.

Comme étalon, il s'est montré supérieur à sa réputation de cheval de course, il a donné de remarquables produits, parmi lesquels on peut citer Habena, Knight-of-St-Georges, Eulogist, Anglo-Saxon, Nunny-Kirk, et principalement The Baron, Saunterer et Chanticleer. Irish-Birdcatcher est le propre frère de Faugh-a-Ballagh, et ces deux célébrités n'ont pas peu contribué à placer leur père, Sir Hercules, parmi les sommités du turf anglais.

ELIS, alezan, par Langar et Olympia, mère d'Epirus.

Né en 1833, chez M. Greville, ce cheval, du sang de Sélim, avait beaucoup d'élégance et de vitesse, mais on lui reproche, comme à presque toute sa famille, d'avoir peu de fond. Cependant il remporta 10 victoires, dont le Saint-Léger, sur 28 engagements. Parmi ces courses, il en eut de très-brillantes, entre autres ses victoires sur Slane, Redshank, Master Wags; il lutta brillamment contre Bay-Middleton, qui ne le battit que d'une tête, et fut second dans le prix de la coupe de Goodwood contre Hornsea.

A 4 ans, Elis termina sa carrière de course en battant encore Slane, et commença celle d'étalon, qu'il parcourut avec honneur. On cite parmi ses descendants: Vitula, Tantivy, Susan, Cornopean, Charity, etc.

Elis était un cheval de la plus haute distinction et d'une grande élégance; mais il était un peu enlevé, et la plupart de ses poulains étaient, comme lui, d'une taille élevée et trop légers.

Il faisait la monte à Wilton-House Salisbury, à 20 guinées.

VENISON, bai-brun, par Partisan et Fawn, fille
de Smolensko.

Né en 1833, chez M. Day, mort en 1852 à 19 ans, cet étalon remarquable par sa belle conformation, était frère de père de Gladiator, et annonçait autant de sang que lui ; il ne fit rien d'éclatant sur le turf à l'âge de deux ans, plus tard il fit parler de lui. En 1836, il fut troisième dans le Derby gagné par Bay-Middleton, et second à Cheltenham.

Venison gagna le Glocestershire-Stakes et la coupe d'or ; à Southampton, il gagna la coupe royale ; à Brighton, un prix évalué 765 livres ; à Lewes, le prix royal de 100 guinées ; à Warwick, le prix royal de 100 guinées, enfin, dans la saison il remporta 12 prix principaux.

La famille des Venison a dignement marché sur les traces de son chef, et plusieurs de ses produits le classent parmi les meilleurs étalons d'Angleterre. Il produisit, entre autres, Alarm, Red-Deer, Roebuck, Rosin, The Beau, New-Forest-Deer, Antelope, Vatican, Red-Hind, Kingston.

Ce bel étalon faisait la monte à raison de 10 guinées.

Nous remarquerons en passant qu'aucune année ne peut être comparée à 1833, pour le mérite des chevaux de pur sang qu'elle produisit, surtout parmi celles qui suivirent ; il semble que cette époque doive être considérée comme le sommet de la montagne, après lequel il n'y a plus qu'à descendre. Entre autres excellents chevaux qui illustrèrent cette année féconde, nous avons cité : Bay-Middleton, Gladiator, Slane, Elis, Irish-Birdcatcher, Venison et Tipple-Cider, on peut y joindre : Carew, Dick, Heron, Redshank et Railroad.

EPINUS, alezan, par **Langar et Olympia fille d'Olivier.**

Né en 1834 chez M. Bowes. La carrière de course de ce cheval ne fut pas longue, mais il eut quelques succès, sur 34 courses, il remporta 12 victoires dont le handicap de Copeland. Il n'en fut pas moins regardé comme un bon reproducteur de son temps.

Il produisit entre autres bons chevaux: Ephesus, Lamartine, Epaminondas, Humguffin, St-Dunstan, Olympus.

HARKAWAY, alezan, par Economist et Nabocklish mare.

Né en 1834, chez M. Ferguson, ses courses furent brillantes; en 1836, à 2 ans, il courut 4 fois et ne fut qu'une fois vainqueur; mais en 1837 il courut 12 fois et fut 10 fois vainqueur, en 1838, il courut 8 fois et fut 6 fois vainqueur. Au total dans sa carrière de course, sur 38 il gagna 25 prix, dont la coupe d'or de Goodwood deux fois.

Harkaway possédait une grande puissance musculaire et une taille élevée; il est père de très-bons chevaux entre autres Quasimodo, Bright-Phœbus, Hercules, My Dear, et King Tom.

MELBOURNE, bai-brun, par Humphrey Clinker et Cervantes mare.

Né en 1834, chez M. Robinson, ce cheval était d'une grande régularité et du plus beau caractère d'étalon. Il avait de la force et de l'élégance tout à la fois. Sa présence sur l'hippodrome ne fut pas de longue durée; mais il eut d'assez beaux succès, sur 18 courses il fut 9 fois vainqueur.

Il a donné un grand nombre de produits remarquables parmi lesquels on distingue: Sir Tatton Sykes, Canezou, The Prime Minister, Seducer, Assayer, West Australian, Mirabeau, et surtout la fameuse jument Blink-Bonny, qui en 1857 gagna le Derby et les Oaks.

8

Don John, bai, par Tramp ou Waverley et une Comus mare,
issue de Marciana par Stamford et Marcia, par Coriander.

Né en 1835 chez M. Garforth, il fut acheté poulain par
lord Chesterfield.

Don John fut le cheval le plus vite de son temps. Sa conformation, sa taille et sa généalogie ne sont pas inférieures à ses
succès: à deux ans, il avait trois engagements, il les gagna très-
facilement; à trois ans il gagna plusieurs prix supérieurs,
parmi lesquels le grand St-Léger, battant Ion par Caïn et
Lanercost; à quatre ans, Don John fut battu par Grey Momus
dans le Port-Stakes de 100 souverains à Newmarket, ayant
après lui Alemdar. Il courut encore une fois cette même année
et termina sa carrière de course en gagnant la grande poule
de 300 souverains, battant Alemdar et Morella.

Ce cheval a donné de bons produits parmi lesquels on cite
Iago, Economy, Jacqueline, Maid-of-Masham, The Ban, Bar-
celona et Lady Evelyn.

Don John faisait la monte, en 1844, à 15 guinées.

Ion, bai-brun, par Caïn et Margaret.

Né en 1835, chez M. Peel, ce cheval courut assez bien à
l'âge de 2 ans, et sur six courses il remporta une victoire,
à trois ans, il fut un des favoris du Derby; mais Amato se
montra mieux que lui le jour du combat.

Il fut second dans le Derby et second dans le St-Léger
gagné par Don John; être battu par de tels champions, surtout
en ayant l'avantage sur un champ dans lequel se trouvait
Lanercost, n'est pas un déshonneur; aussi Ion jouit-il d'une
estime assez grande.

Ce cheval s'est montré bon reproducteur, et parmi ses
produits on peut citer: Tadmor, Poodle, The Trapper, Pelion
et Wild Dayrell.

Il faisait la monte au prix de 40 guinées. Ion a été acheté
pour la France, où il arriva en 1851.

. LANERCOST, bai brun, par Liverpool et Otis, fille de Bustard.

Né en 1835, chez M. Wood, à Cockermouth, ce cheval eut d'assez brillants succès sur le turf, sur 40 courses il remporta 26 prix dont la coupe d'Ascot.

Lanercost en 1838 gagna à Newcastle le St-Léger Stakes et fut troisième dans la même année, au grand St-Léger avec Don John premier et Ion second. Après ces performances, Lanercost pendant quatre ans courut avec des chances diverses un grand nombre de prix, et s'il ne fut pas toujours vainqueur, il fit preuve d'énergie, de bon tempérament et de bonne organisation; car, malgré ses nombreuses fatigues, il a conservé une grande netteté de membres et une santé parfaite. Lanercost est un grand et bel étalon, avec des lignes superbes, mais sa tête est forte et l'encolure est mal attachée, ce qui le rend un peu lourd sur son devant, défaut essentiel qui a besoin d'être corrigé par les accouplements. Comme étalon, Lanercost a eu une réputation contestée, bien qu'il eût quelques produits qui ne manquaient pas de mérite, ainsi Van Tromp, Ellerdale, War Eagle, Swiss-Boy, Musician et Catherine Hayes. Après avoir eu un bon nombre de juments en Angleterre, ses produits n'ont pas généralement répondu à l'idée qu'on s'en était faite, c'est ce qui fait qu'il a été cédé à la France pour un prix médiocre. Cependant, son sang, sa taille, ses performances et sa conformation laissent peu à désirer; et si ses produits directs n'ont pas eu une complète réussite, je ne serais pas étonné que ses filles ne devinssent d'excellentes poulinières. Il fit sa première monte en 1843, chez M. Kirby, au prix de 15 guinées.

Ce cheval a été acheté pour la France en 1853. (Voir l'article *France.*)

CHARLES XII, bai-brun, par Voltaire et Prime Minister mare

Vainqueur du St-Léger en 1839, né en 1836 chez le major Yarburgh; sur 34 courses il gagna 19 fois, dont le grand St-Léger, la coupe de Liverpool et le Goodwood Cup.

Ce cheval, qui a battu les meilleurs chevaux de son époque, est doué de beaucoup de force et d'énergie et s'est montré excellent reproducteur. On cite parmi ses produits : Defaulter, The Fiddler, Vasa, Jenny-Lind, Hambletonian, etc.

HETMAN PLATOFF, bai, par Brutandorf et la mère de Don John, une Comus mare.

Né en 1836, chez M. Garforth, sur 10 courses il gagna 6 prix dont celui de Northumberland.

Cet étalon n'a pas couru à deux ans, à trois il gagna le St-Léger-Stakes à Liverpool, et une course à York. Après ces victoires, qu'il remporta avec une grande facilité, Hetman-Platoff devint le favori pour le grand St-Léger, mais il ne courut pas. S'il se fût présenté sur l'hippodrome, il eût été vainqueur dans cette course où Charles XII, après un dead heat avec Euclid, ne gagna que d'une tête.

A quatre ans, Hetman-Platoff courut plusieurs fois et gagna beaucoup d'argent à son maître, mais il tomba boiteux dans sa course contre Glenlivat portant 9 st. 8 l. Sa carrière de course fut terminée. Il faisait la monte chez le marquis d'Exetér, au haras de Burghley, à 20 guinées.

Hetman-Platoff était d'une belle et forte conformation, son ensemble était parfait et ses lignes superbes.

On trouve parmi ses produits des chevaux remarquables, tels que Cossack, Hospodar, Sir Charles, Springy Jack, Stinger et Cosachia.

GARRY-OWEN, alezan, par Saint-Patrick et Excitement par Emilius.

Né en 1837, chez M. Thornhill à Riddlesworth (Norfolk); ce cheval, devenu la propriété de M. Byng, courut 73 fois et remporta 36 victoires; il courait encore en 1849. Il s'est montré digne fils de Saint-Patrick, vainqueur du Saint-Léger et d'Excitement, sa mère, elle-même fille d'Émilius, vainqueur du

Derby. Ce cheval a été acheté pour la France en 1849, et n'a eu que quelques juments en Angleterre.

Garry-Owen s'est principalement distingué sur les petits parcours, presque toutes ses victoires ont été remportées sur le T Y C, parcours des chevaux de deux ans, 1,200 mètres environ. (Voir l'article *France*.)

LAUNCELOT, bai brun, par Camel et Banter (mère de Touchstone) par Master Henry.

Né en 1839, chez Lord Westminster, à Eaton (Cheshire). Launcelot courut à 2 ans et gagna quelques prix en battant plusieurs des meilleurs chevaux de l'année. L'année suivante, il fut favori pour le Derby, dans lequel il fut second, ayant été battu de très-peu de chose par Little-Wonder; après plusieurs autres courses où il se conduisit vaillamment, il gagna le grand Saint-Léger, battant Maroon, Gibraltar et 8 autres. Sur 10 courses il fut 6 fois vainqueur.

Launcelot étant tombé broke-down à quatre ans, cessa sa carrière de course et fut livré à la reproduction, où il n'acquit qu'une réputation très-inférieure à celle de son frère Touchstone. On peut citer parmi ses produits : Blaze, Helena, Lance, etc. Il a fait la monte principalement en Irlande.

CORONATION, bai, par Sir-Hercules et Ruby par Rubens.

Né en 1838, chez M. Rawlinson, ce cheval est remarquable par sa force et le développement de ses muscles.

Il courut à 2 ans et fut d'abord engagé dans un match de 70 souverains, où il ne pût paraître; mais à Oxford, il battit 3 autres chevaux et finit les exploits de sa première année à Warwicks, en battant un champ de poulains distingués.

L'année suivante, il fut vainqueur du Derby et de la Coupe-d'Or à Oxford, et s'il ne gagna pas le Saint-Léger, on a pensé que ce fut à cause de sa préparation incomplète.

Coronation courut 7 fois et remporta 6 victoires dont le

Derby. Ruiné et hors de course, en 1842, il fut employé comme étalon.

Ce cheval est d'un très-bon sang, sa taillé est haute et sa conformation régulière, mais il se ressent de la fatigue de ses courses. Il faisait la monte à Chadlington à 20 guinées, il a été acheté pour la Prusse vers 1845. On cite parmi ses produits, Star-of-England, Général-Sale, The-Little-Queen, The-Flea; le dernier seul s'est fait une réputation en courses ; Star-of-England, cependant, est une jument de steeple-chase de premier ordre.

British-Yeoman, bai-brun, par Liverpool et Fancy par Osmond.

Né en 1840, chez M. Blakelock, dans le Northumberland. Ce cheval courut 8 fois et remporta 4 victoires ; à deux ans il fut le meilleur cheval de l'année, mais il a été probablement fatigué par ses courses prématurées, car quoique favori dans le Derby, il n'a pas même été placé et n'a jamais gagné depuis. Comme reproducteur on s'en est assez rarement servi.

Cotherstone, bai, par Touchstone et Emma par Whisker.

Né en 1840 chez M. Bowes à Streatlam Castle (Durham), vainqueur du Derby en 1843. Ce cheval courut 11 fois remporta 7 victoires, et partagea un prix de deux ans après une épreuve nulle ; à 3 ans il gagna les Riddlesworth, les 2000 guinées, le Derby et les Gratwicke et ne fut battu que d'une tête dans le grand Saint-Léger ; à 4 ans il n'a couru qu'une fois et est tombé boiteux.

Cotherstone a presque toujours fait la monte chez Lord Spencer près Northampton, à des prix variant de 10 à 15 guinées, parmi ses produits dont les pouliches ont été les meilleurs, on cite Glauca, Farthingale, Cheddar, Polydore, Pandora, etc.

The-Cure, bai, par Physician et Morsel par Mulatto.

Né en 1841, chez M. Williamson, dans le Yorkshire. Ce cheval était d'une vitesse remarquable, mais d'un fort mauvais caractère, ce qui a occasionné plusieurs de ses défaites ; à 3 ans il a gagné 6 fois sur 9 courses, y compris les Dee-Stakes à Chester et est arrivé second dans le Saint-Léger, contre Faugh-a-Ballagh ; à 4 ans il a gagné les Claret Stakes, à Newmarket.

Il est le père de *M. D.* Sedbury, Underhand, etc., et fait la monte aujourd'hui à 20 guinées par jument.

Jericho, bai brun, par Jerry et Turquoise par Selim.

Né en 1842, chez le duc de Grafton, à Euston (Norfolk) ; ce cheval a appartenu à Lord Lonsdale pendant sa carrière de course ; à 2 ans il gagna les Criterion-Stakes à Newmarket ; à 3 ans il a été disqualifié dans plusieurs engagements, mais à 4 ans et à 5 ans, il a gagné les Port-Stakes à Newmarket et a fourni plusieurs belles courses contre Wolfdog et Alarm, battant généralement le premier, et étant légèrement inférieur au dernier nommé. En 1849, Jericho a fait la monte, mais remis à l'entraînement en 1850, il a couru pour la Coupe à Ascot et est arrivé second, contre The-Flying-Dutchman, battant Canezou et deux autres concurrents. Il était renommé par son fond à toute épreuve, mais n'avait pas assez de vitesse pour être classé parmi les chevaux de premier ordre.

Comme reproducteur, Jericho a été presque entièrement délaissé, et l'histoire de ses produits marquants se résume en 2 chevaux excellents sortis de la même jument (Glee) : Happy Land et Promised-Land. Jericho est mort en 1857.

The-Emperor, alezan, par Défence et Reveller mare, sorti de la mère de Dangerous.

Né en 1841 chez lord Albemarle, mort en 1851 à 10 ans, ce cheval n'a couru que 3 ou 4 fois, mais parmi ses victoires

on compte la coupe d'or d'Ascot qu'il gagna en présence de
S. M. l'Empereur de Russie, ce qui lui valut le nom de The
Emperor, et, l'année suivante, la coupe offerte par ce monar-
que et courue au même endroit. Il était arrivé quatrième dans
le Cesarewitch contre Faugh-a-Ballagh portant le même
poids que celui-ci, mais il l'a vaincu à son tour ainsi que
Alice Hawthorn à Ascot en 1845. The Emperor était d'une
très-forte conformation, ses membres, bien articulés, ne
laissaient rien à désirer comme ampleur et comme netteté.
Ce cheval ne fut presque pas employé comme étalon en Angleterre : il fut acheté pour la France en 1850. (Voir la partie
française.)

ORLANDO, bai, par Touchstone et Vulture,
par Langar.

Né en 1841, chez le colonel Peel à Hampton-Court. Ce
cheval courut 11 fois et fut 10 fois vainqueur. On lui donna
le prix du Derby en 1844, mais un cheval de 4 ans, sous le
nom de Running-Rein, était arrivé premier. Il a été très-heureux
en courses, ayant à cette exception près gagné toutes ses
courses à 2 et 3 ans. A 4 ans, il n'a pas couru, et à 5 ans il
est tombé broke-down dans son unique course, la coupe
d'Ascot.

Il a toujours fait la monte à Hampton-Court, d'abord à
15 guinées et depuis quelques années à 40 et 50 guinées par
jument. Sur trois produits de sa première année, il a produit
Teddington, vainqueur du Derby en 1851 et Ariosto. Depuis,
il a donné une longue série de vainqueurs : Orestes, Marsyas,
Boiardo, Chalice, Melissa, Fazzoletto, Impérieuse (vainqueur
du Saint-Léger en 1857), Zuyderzee, Fitz-Roland, Eurydice,
Eclipse, Trumpeter, etc., etc., et il est généralement considéré
aujourd'hui comme le successeur de Touchstone, c'est-à-dire
le premier étalon de l'époque.

Faugh-a-Ballagh, bai brun, par sir Hercules et Guiccioli,
par Bob-Booty.

Né en 1841, en Irlande, chez M. Knox. Ce cheval courut
8 fois et fut 5 fois vainqueur. A 2 ans il fut battu étant arrivé
3ᵉ dans sa course de début. A 3 ans il gagna le Saint-Léger, le
Cesarewitch et le Grand-Duke-Michael. Il arriva second dans
le Cambridgeshire, rendant du poids à un cheval de 4 ans; à
4 ans il est arrivé second à Ascot, contre The Emperor, et est
tombé boiteux aussitôt après.

Faugh-a-Ballagh est léger, mais il possède au plus haut degré
le type de l'étalon et du cheval d'énergie et de vigueur. Il a
produit en Angleterre d'excellents chevaux de course.

Vendu pour la France en 1855. (Voir la partie française.)

Alarm, bai, par Venison et Southdown, par Defence.

Né en 1842, chez M. Delmé, dans le Hampshire. Ce cheval courut 17 fois et remporta 15 victoires, dont le Cambridgeshire à 3 ans, et la coupe d'or d'Ascot à 4 ans. Il n'a été
battu que 2 fois, dans le Derby où il a été le favori pendant
longtemps, puis dans un match de 1,000 liv. st., contre The
Traverser, distance 1,200 mètres. Ce cheval a été probablement le meilleur de son année, mais il ne peut être considéré
comme cheval hors ligne, à cause des luttes fréquentes qu'il
eut à soutenir contre Wolfdog et Jericho, et dont il se tirait
très-difficilement.

Il a peu produit et a fait la monte à 10, 12 et 15 guinées.

On cite parmi ses produits : Compromise, Commotion,
Telegram, Sentinel, etc.

The Baron, alezan, par Irish Bird-Catcher, et Echidna, par
Economist.

Né en 1842, chez M. Georges Watts, comté de Kildare
(Irlande). Ce cheval courut 12 fois et remporta 5 victoires,

dont le Saint-Léger et le Cesarewitch. Ses courses furent irrégulières, et l'on remarque qu'il est très-mal arrivé dans ses épreuves de 4 ans, principalement à Ascot, à Liverpool et à Newmarket, où il fut battu par Idas, qui lui rendait 10 livres. The Baron est d'une belle et forte conformation. Il fit la monte en Angleterre pendant plusieurs années, sans beaucoup de succès, si ce n'est par le mérite de ses fils Stockwell et Rataplan, deux des plus célèbres étalons de l'époque actuelle, tous deux fils de la même jument.

Ce cheval fut acheté par la France en 1848. (Voir la partie française.)

SWEET-MEAT, bai brun, par Gladiator et Lollypop, par Starch ou Voltaire.

Né en 1842, chez M. A. W. Hill, dans le Shropshire. Ce cheval courut 24 courses et remporta 22 victoires, dont la coupe de la reine, à Ascot, et la coupe à Doncaster. Il n'a été battu que 2 fois : à 3 ans, par un cheval (The Libel), au même propriétaire, et à 4 ans dans le Chester-Cup; il gagna 20 fois dans une année. Sweet-Meat était de petite taille et remarquable par sa tenue.

Parmi ses produits on cite deux gagnants des Oaks : Mincemeat en 1854, et Mincepie en 1856, ainsi que plusieurs autres bons chevaux.

WEATHERBIT, bai brun, par Sheet-Anchor, et Miss Letty, par Priam.

Né en 1842, chez M. Powlett, dans le Yorkshire. Ce cheval courut 8 courses et remporta 3 victoires. Il appartenait, pendant sa carrière de course, à M. Gully. Il est tombé dans le Derby où il était premier favori. Ce cheval n'a eu que peu de juments d'abord, mais il a fait Weathergage et, depuis, Beadsman, vainqueur du Derby en 1858, et dès lors il a fait la monte à 20 guinées par jument.

Cowl, bai, par Bay-Middleton et Crucifix (mère de Surplice), par Priam,

Né en 1842, chez lord G. Bentinck, à Goodwood. Ce cheval courut 8 courses et remporta 5 victoires. C'était peut-être le meilleur cheval de l'année, mais il ne fut pas engagé dans le Derby par suite d'une défectuosité dans un de ses pieds. Il a peu marqué comme reproducteur. On ne peut guère citer de lui que The Confessor

Chanticleer, gris, par Irish Bird-Catcher et Whim, par Voltaire.

Né en 1843, chez M. St. Georges, en Irlande. Excellent cheval de course, a couru jusqu'à l'âge de 6 ans, en remportant de nombreuses victoires, tant en Irlande qu'en Angleterre. A 2 et à 3 ans il courait en Irlande; à 4 ans, M. Merry l'acheta, et depuis lors il a gagné une foule de prix, y compris la coupe à Doncaster (battant Van Tromp), et les Goodwood Stakes. Il excellait surtout dans les courses à poids élevés. C'était peut-être le cheval de pur sang le plus fort et le plus solide qu'on eût jamais vu. Comme reproducteur, il a fort bien réussi, ainsi que l'attestent les succès de Bonnie Morn, Sunbeam (vainqueur du Saint-Léger en 1858), Paul, Meg-Merrilies, Star-of-The-East, etc.

Il est assez remarquable que la plupart de ses produits aient la robe grise de leur père. Chanticleer fait la monte à 20 guinées.

Colling-Wood, bai, par Sheet-Anchor et Kalmia, par Magistrate.

Né en 1843, chez M. Payne, dans le Northamptonshire. Ce cheval a gagné 34 courses et est resté à l'entraînement pendant six ans. Presque tous ces prix, comme ceux gagnés par Garry Owen, ont été gagnés sur des parcours de 1,200 mètres.

Il a peu produit en Angleterre ; on cite cependant parmi ses produits : Lord Nelson et Polly Peachum.

Colling-Wood fut acheté pour la France en 1857. (Voir la partie française.)

PYRRHUS-THE-FIRST, alezan, par Epirus et Fortress, par Defence.

Né en 1843, chez M. Bouverie, dans le Northamptonshire. Ce cheval gagna le Derby en 1846. Il n'a jamais été battu à 3 ans ; à 4 ans il n'a couru qu'une fois. Il fut vaincu dans un *match* par le même cheval The Traverser, qui a également battu dans des paris particuliers Alarm et Sir Tatton-Sykes. A 5 ans Pyrrhus a gagné plusieurs prix de la Reine et n'a été battu qu'une fois à Chester ; à 6 ans il a gagné la seule course qu'il ait courue. En somme il a gagné 10 prix sur 12 courses.

Pyrrhus-The-First a relativement peu réussi comme reproducteur, quoiqu'il soit père de la fameuse Virago, Mœstissima, The Argosy, etc.

Il appartenait, pendant sa carrière de course, à M. Gully. Acheté pour la France en 1859. (Voir la partie française).

VAN TROMP. bai brun, par Lanercost et Barbelle (mère de Flying-Dutchman).

Né en 1844, chez M. Vansittart, à Kirkleatham (Yorkshire). Ce cheval courut 4 fois en 1846, à 2 ans, et fut 4 fois vainqueur ; en 1847, il gagna 5 courses sur 6 engagements, dont le Saint-Léger, battant Cossack et Eryx ; il fut placé 3e au Derby qui fut gagné par Cossack, War-Eagle second. En 1848, il gagna 2 fois sur 3 courses, et une fois en 1849. En tout, 13 sur 15. Van-Tromp était un fort beau cheval, d'une grande taille, sa tête était légère, son encolure musclée, ses épaules excellentes, sa poitrine très-profonde, ses articulations étaient fortes, et son arrière-main puissante. Son tempérament était excellent. On lui reproche un peu de faiblesse dans la queue, qu'il portait un peu basse.

Ivan, arrivé second dans le Saint-Léger de 1854, était son produit le plus remarquable. Au surplus, Van Tromp était peu fécond.

Ce cheval a été acheté par la Russie en 1853.

The Cossack, alezan, par Hetman Platoff et Joannina, par Priam.

Né en 1844, chez M. Elwes à Billingdon (Northampton). Cossack est de taille moyenne, 1 m. 58 centimètres; sa tête est pleine de sang, son encolure et ses épaules ne laissent rien à désirer, son dos et son rein sont magnifiques; ses hanches longues et belles; mais il est un peu pointu et serré dans ses fesses; ses avant-bras sont très-forts et ses jarrets sont bien dessinés. Quoique ses membres ne soient pas très-forts ils sont secs et fort nets. Cossack courut une fois à 2 ans, en 1846; à 3 ans, il courut 4 fois et fut 2 fois vainqueur. Il gagna le Derby battant War Eagle, Van Tromp et 29 autres non placés, et fut second au Saint-Léger. Cossack est venu en France en 1856. (Voir la partie française).

Surplice, bai, par Touchstone et Crucifix, par Priam.

Né en 1845, chez lord G. Bentinck, à Goodwood. Ce cheval courut 4 fois à 2 ans; il fut vainqueur 3 fois, et reçut un forfait. A 3 ans il courut avec un succès variable, mais gagna toutefois le Derby et le Saint-Léger. On eut grande peine à l'entraîner à 4 et à 5 ans, il ne courut que 3 ou 4 fois et sans jamais gagner. Ce cheval a beaucoup de taille; il n'a pas moins de 16 paumes 1 pouce. Il est très-musclé et très-fort dans ses cuisses et ses hanches; son dos est court, mais son rein est un peu long et sa côte plate. On ne peut rien reprocher à sa poitrine et à ses épaules; sa tête est fine et légère, son encolure est un peu droite. Surplice est regardé comme un des plus remarquables spécimens du cheval de pur sang anglais, réunissant la force, l'élégance et la symétrie. C'était un des coureurs les plus remarquables de nos jours.

Ce cheval est un exemple de l'importance de la filiation quand elle est combinée avec le bon élevage et la bonne provenance comme pays de naissance. Il est fils de Touchstone, vainqueur du Saint-Léger et de Crucifix, vainqueur des Oaks, qui elle-même était fille de Priam, vainqueur du Derby; il réunissait donc en lui les vainqueurs des trois courses les plus célèbres en Angleterre.

Peu prisé en Angleterre comme reproducteur, il a donné cependant Pylades (père de North-Lincoln), The Roman-Candle, Loyola, Jesuit, etc., et en France, Florin et Martel-en-Tête. On prétend que ses produits manquent de fond.

TADMOR, bai, par Ion et Palmyra, par Sultan.

Né en 1846, chez le colonel Peel, à Hampton-Court, a gagné plusieurs prix à 2 et à 3 ans, s'élevant à 300,000 fr. environ, et n'a jamais été battu qu'une fois, alors qu'il est arrivé troisième dans le Derby de 1845, gagné par Flying-Dutchman. Il est tombé boiteux à 3 ans.

A la vente du colonel Peel, en 1851, il fut vendu aux enchères pour 50 livres sterling! Mais l'excellente performance d'une de ses filles, Seclusion, en 1859, a été cause qu'un poulain de ses produits a été vendu cette année au delà de 20,000 fr.

Bon cheval de course, mais avec de mauvaises jambes. Sa conformation est régulière, et il promet de devenir un étalon de tête.

FLYING-DUTCHMAN, bai brun, par Bay Middleton et Barbelle.

Né en 1846, chez M. Vansittart. Ce cheval a gagné 11 prix, a couru seul 4 fois et a été vaincu une fois seulement. A 2 ans, il gagna 5 prix avec la plus grande facilité. A 3 ans, il gagnait le Derby et le Saint-Léger, son unique défaite fut à Doncaster, pour la coupe; il fut battu d'une demi-longueur par Voltigeur ; mais un *match* ayant été proposé à York entre les deux chevaux à poids pour âge, Voltigeur fut vaincu d'une longueur. Cette course fit sensation en Angleterre et plaça Flying-Dutchman au rang des plus célèbres coureurs de tous les temps. Ses gains s'élèvent à la somme de 468,125 fr., sans compter le vase de l'Empereur, à Ascot.

Flying-Dutchman est d'une forte conformation, mais peu régulière; sa croupe est plus haute que son devant, son rein est mal attaché, ses genoux sont creux et ses canons antérieurs très-légers; mais rien n'est comparable à la puissance de son arrière-main, à la force de ses cuisses, à celle de ses avant-bras et à sa prestance d'étalon. Tout respire en lui le cheval énergique, réunissant la distinction à la force musculaire.

Parmi les produits de Flying-Dutchman, on remarque Mary Copp, Ellington, Fly-by-Night, Gildermere, Ignoramus, Katherine Logie, Amsterdam, Raspberry, Rover, Glenbuck. Acheté pour la France en 1858. (Voir l'article *France*.)

VOLTIGEUR, Bai brun, par Voltaire et Martha Lynn, par Mulatto.

Né en 1847, chez M. Stephenson, à Hartlepool (Durham), a couru et gagné une fois à 2 ans; à 3 ans a couru et gagné 3 fois, y compris le Derby, le Saint-Léger et le Doncaster-Cup (battant Flying-Dutchman); à 4 ans, a été battu dans un *match* par The Flying-Dutchman, et le lendemain a subi une seconde défaite contre la fameuse Nancy; à 5 ans, a gagné un handicap sur 4 prix qu'il a courus. Ce cheval est d'une magnifique conformation; le dos et le rein d'une force remarquable, et ses lignes sont d'une longueur prodigieuse. Dès la première année qu'il a été livré à la reproduction, il a donné Vedette et Skirmisher, les meilleurs chevaux de l'année, et, depuis, Hepatica, Cavendish, Volta, Zitella, Qui-Vive, Napoléon, etc.

Voltigeur fait la monte à 40 guinées par jument.

NEWMINSTER, bai, par Touchstone et Beeswing,
par Dr Syntax.

Né en 1848, chez M. A. Nichol, dans le Northumberland
Ce cheval a couru rarement et n'a gagné qu'une fois sur six
courses fournies à 3 et à 4 ans. Vainqueur du Saint-Léger à
Doncaster, en 1851. On attribue son insuccès habituel à son
état de souffrance pendant ses courses. Newminster est de
petite taille (15 paumes 1 pouce environ), il a une magnifique
épaule, la poitrine très-profonde et des lignes très-longues;
sa conformation est digne de sa brillante origine. Comme
reproducteur, il s'est distingué dès son début; il a produit
Ariadne, Actœon, Musjid (vainqueur du Derby, en 1859),
Newcastle, Contadina, etc. Sa descendance a gagné au delà
de 400,000 fr. en 1859. Ce cheval fait la monte actuellement
à Rawcliffe, près York, à 40 guinées par jument.

LONGBOW, bai, par Ithuriel et Miss Bowe, par Catton.

Né en 1849 chez lord Derby à Knowsley (Lancashire).
A 2 ans ce cheval courut une fois et arriva second, à 3 ans il
gagna 6 fois sur 9 courses; à 4 ans, 7 fois sur 10 courses

Ce cheval est malheureusement cornard, comme le sont
presque tous les produits de sa mère; il est d'une taille, d'une
force et d'une puissance extraordinaires, sans cependant
manquer de distinction; il est considéré comme le cheval le
plus vite pour un mille des temps modernes, mais c'est probablement uniquement à cause du cornage que ses principaux
succès n'ont eu lieu que sur les petits parcours.

Toxopholite et Longrange ont été jusqu'ici ses produits les
plus remarquables. Il fait la monte chez son propriétaire
à 15 guinées par jument.

TEDDINGTON, alezan, par Orlando et Miss Twickenkam, par
Rockingham.

Né en 1848, chez M. Tomlinson, à Huntingdon, appartenant à sir J. Hawley et M. J. Stanley pendant sa carrière
de course. A deux ans il a gagné 2 prix sur 4 courses ; à
3 ans il a gagné 3 prix (y compris le Derby) sur 3 courses ; à
4 ans 2 prix (dont le Doncaster Cup) sur 5 courses ; à 5 ans il a
gagné la coupe à Ascot et est tombé boiteux à Newmarket, où
il a été battu 2 fois. Ce cheval réunit au plus haut degré toutes
les qualités d'un cheval de course, vitesse fond et énergie. Il
a été battu le plus souvent dans des handicaps ou avec un
désavantage de poids. Sa conformation est peu régulière ; il a
la poitrine étroite ; de plus, il a l'épaule droite et est panard,
mais il possède une grande puissance musculaire dans l'arrière-main et surtout dans le rein.

Teddington a bien commencé comme reproducteur, avec
Mayonnaise et Curlew ; il fait la monte à Enfleld près Londres
à 25 guinées par jument.

KINGSTON, bai, par Venison et Queen-Anne.

Né en 1849, chez le colonel Peel. Ce cheval a gagné 15 prix ;
il a couru de 2 ans à 5 ans près de 40 fois, dont un grand
nombre de handicaps ; il a eu le malheur de se trouver constamment en concurrence avec des chevaux hors ligne, tels que :
Teddington, Longbow, Stockwell, West Australian et Virago ;
cependant, quoique vaincu, il s'est toujours tiré de ces luttes
avec honneur. La symétrie de ce cheval touche à la perfection
et les critiques les plus sévères n'ont jamais pu lui reprocher
autre chose que la poitrine qui n'est pas tout à fait assez profonde.

Comme tous les chevaux de son âge, Kingston est à peine
au début de sa carrière. King at Arms et Gladiolus sont les
produits les plus remarquables qu'il ait donnés jusqu'ici.

9

Kingston fait la monte à Middle-Park, près Londres, à 25 guinées par jument.

WEATHERGAGE, bai, par Weatherbit et Taurina
par Taurus.

Né en 1849, chez le duc de Bedford. Ce cheval courut dans 28 courses; il fut 13 fois vainqueur et 8 fois second. Il gagna les Goodwood Stakes et les Cesarewitch Stakes à 3 ans.

Le duc de Bedford le réforma au commencement de sa troisième année, et le vendit 40 liv. st. à M. T. Parr. Weathergoge est venu en France en 1856. (Voir la partie française.)

STOCKWELL, alezan, par The Baron et Pocahontas
par Glencoe.

Né en 1849, chez M. Théobald, à Stockwell, près Londres, vainqueur du Saint-Léger en 1852. Ce cheval débuta mal, ayant couru deux fois sans succès à 2 ans; à 3 ans il fut battu à Newmarket, par Alcoran, ainsi que dans le Derby, mais il gagna les 2,000 guinées, les Great Yorkshire Stakes et le Saint-Léger. A 4 ans, il ne courut qu'une fois et arriva à une tête de Teddington dans la coupe d'Ascot; à 5 ans il ne courut qu'une fois, et battit Kingston pour le *Whip*, à Newmarket, distance 6,800 mètres environ, poids 62 kil. chaque.

Stockwell est de grande taille, très-fort, mais il manque de distinction; il a des membres d'une rare netteté et d'une grande solidité. Lord Londesborough l'a acheté comme étalon, 77,500 fr. Pendant sa carrière de courses il appartenait à lord Exeter.

Ses meilleurs produits jusqu'ici ont été Comforter, Thunderbolt et Vesta.

Fait la monte chez son propriétaire à Grimston (Yorkshire à 30 guinées par jument.

WEST-AUSTRALIAN, bai, par Melbourne et Mowerina, par
Touchstone.

Né en 1850, chez M. Bowes, à Streatlam (Durham). Ce cheval courut 14 fois, il gagna 7 prix et reçut 3 forfaits. A 2 ans il
gagna une fois sur deux courses ; à trois ans 5 prix, y compris
les 2,000 guinées, le Derby et le Saint-Léger ; à 4 ans 4 prix,
y compris la coupe d'Ascot.

West-Australian passe généralement pour être le meilleur
cheval de notre époque ; de grande taille, 1 m. 62 c., d'une
rare distinction, on ne sait au juste ce qu'il aurait pu faire,
car il n'a jamais pu subir un entraînement complet. Le hasard
seul a déterminé son unique défaite, puisqu'il a battu facilement son vainqueur Sheed-the-Plough deux jours plus tard.

Il fut vendu à 4 ans à lord Londesborough 5,000 guinées.

Ce cheval a déjà produit Summerside (vainqueur des Oaks
en 1859), Penalty, Saint-Clarence, Wizard, etc.

Fait la monte chez son propriétaire à 30 guinées.

RATAPLAN, alezan, par The Baron et Pocahontas,
par Glencoe.

Né en 1850, chez M. Wyatt, dans le Sussex, propre frère de
Stockwell. Ce cheval à deux ans gagna 2 prix sur 4 courses ; à
3 ans, est arrivé 3e dans le Derby et 3e dans le Saint-Léger
et a gagné trois prix dont le vase de la Reine à Ascot ; à 4 ans
il a gagné 18 prix sur 29 courses ; à 5 ans a gagné 20 prix
sur 33 courses. Résumé : 43 prix sur 72 courses ; Fisherman a
gagné davantage au total, mais aucun cheval n'a surpassé la
performance de Rataplan à 4 et 5 ans. Ce cheval est remarquable par l'ampleur de son corps ; on lui reproche seulement
la faiblesse des boulets. Cependant, malgré ce défaut, il a
toujours brillé dans les courses de long parcours portant des
poids élevés.

Deux produits seulement de Rataplan ont couru jusqu'à

présent, mais une pouliche de dix-huit mois par cet étalon, sortie de la mère de Musjid, a été vendue, aux enchères aux dernières courses de Doncaster 1,450 guinées.

Fait la monte chez lord Scarborough, près Doncaster, à 25 guinées par jument.

LISTE DES CHEVAUX

Vainqueurs en Angleterre

DANS LES PRIX DU DERBY, DES OAKS ET DU

SAINT-LÉGER.

ANNÉES	DERBY.	OAKS.	SAINT-LÉGER.
1778	....	....	Hollandaise.
1779	....	Bridgek.	Tommy.
1780	Diomed.	Tectotum.	Ruler.
1781	Young-Eclypse.	Faith.	Serina.
1782	Assassin.	Cérès.	Imperatrix.
1783	Saltram.	Maid-of-the-Oaks.	Phœnomœnon.
1784	Serjeant.	Stella.	Omphale.
1785	Ainswell.	Triffle.	Cowslip.
1786	Noble.	The Yellow Filly.	Paragon.
1787	Sir Peter Teazle.	Annette.	Spadille.
1788	Sir Thomas.	Nightshade.	Young Flora.
1789	Skyscraper.	Tag.	Pewett.
1790	Rhadamanthus.	Hippolyta.	Ambidexter.
1791	Eager.	Portia.	Young Traveller.
1792	John Bull.	Volante.	Tartar.
1793	Waxy.	Cœlia.	Ninety Three.
1794	Dœdalus.	Hermione.	Beningbrough.
1795	Spread Eagle.	Platinat.	Hambletonian.
1796	Didelot.	Parisot.	Ambrosio.
1797	Br. C. by Fidget.	Nike.	Lounger.
1798	Sir Harry.	Bellissima.	Symmetry.
1799	Archduke.	Bellina.	Cockfighter.
1800	Champion.	Ephemera.	Champion.
1801	Eléonor.	Eleonor.	Quiz.
1802	Tyrand.	Scotia.	Orville.

Les astérisques désignent les chevaux qui ont été importés en France.

ANNÉES	DERBY.	OAKS.	SAINT-LÉGER.
1803	W's Ditto.	Theophania.	Remembrancer.
1804	Hannibal.	Pelis.	Sancho.
1805	Cardinal Beaufort.	Meteora.	Stareley.
1806	Paris.	Bronze.	Fyldener.
1807	Election.	Briseis.	Paulina.
1808	Pann.	Morel.	Pétronius.
1809	Pope.	Maid of Orleans.	Ashton.
1810	Whalebone.	Oriana.	Octavian.
1811	Phantom.	Sorcery.	Soothsayer.
1812	Octavius.	Manuela.	Otterington.
1813	Smolensko.	Music.	Altisidora.
1814	Blucher.	Medora.	William.
1815	Whisker.	Minuet.	Philo da Pieta.
1816	Prince Leopold.	Landscape.	The Duchess.
1817	Azor.	Nera.	Ebor.
1818	Sam.	Corinne.	Reveller.
1819	Tiresias.	Shoveler.	Antonio.
1820	Sailor.	Caroline.	Saint-Patrick.
1821	Gustavus.	Augusta.	Jack Spigot.
1822	Moses.	Pastille.	Theodore. *
1823	Emilius.	Zinc.	Barefoot.
1824	Cedric.	Cobweb.	Jerry.
1825	Middleton.	Wings.	Memnon.
1826	Lapdog.	Lilias (aft. Babel).	Tarrare.*
1827	Mameluck.*	Gulnare.	Matilda.
1828	Cadland.	Turquoise.	The Colonel.
1829	Frederick.	Green Mantle.	Rowton.
1830	Priam.	Variation.	Birmingham.
1831	Spaniel.	Oxygen.	Chorister.
1832	Saint-Giles. *	Galata.	Margrave.
1833	Dangerous.*	Vespa.	Rockingham.
1834	Plenipotentiary.	Pussy.	Touchstone.
1835	Mündig.	Queen of Trumps.	Queen of Trumps.
1836	Bay Middleton.	Ciprian.	Elis.
1837	Phosphorus.	Miss Letty.	Mango.
1838	Amato.	Industrie.	Don John.
1839	Bloomsbury.	Déception.	Charles the Twelfth.
1840	Little Wonder.	Crucifix.	Launcelot.
1841	Coronation.	Gluznee.	Satirist.
1842	Attila.	Our Nell.	Blue-Bonnet.
1843	Cotherstone.	Poinson.	Nutwith.
1844	Orlando.	Princess.	Faugh-a-Ballagh. *
1845	Merry Monarch.	Refraction.	The Baron. *
1846	Pyrrhus The First.*	Mendicant.	Sir Tatton Sykes.
1847	Cossack. *	Miami.	Van Tromp.
1848	Surplice.	Gymba.	Surplice.
1849	The Flying Dutch-	Lady Evelyn.	The Flying Dutch-
1850	Voltigeur. [man.*	Rhedycina.	Voltigeur. [man. *
1851	Teddington.	Iris.	Newminster.
1852	Daniel-O' Rourke.	Songtress.	Stockwell.
1853	West Australian.	Catherine Hayes.	West Australian.
1854	Andower.	Mincemeat.	Knight-of-St-George.
1855	Wild Dayrell.	Marchioness.	Saucebox.*
1856	Ellington.	Mincepie.	[Warlock.]
1857	link-Bonny.	Blink Bonny.	Impérieuse.

Paris. — Typ. Morris et Comp., rue Amelot, 64.

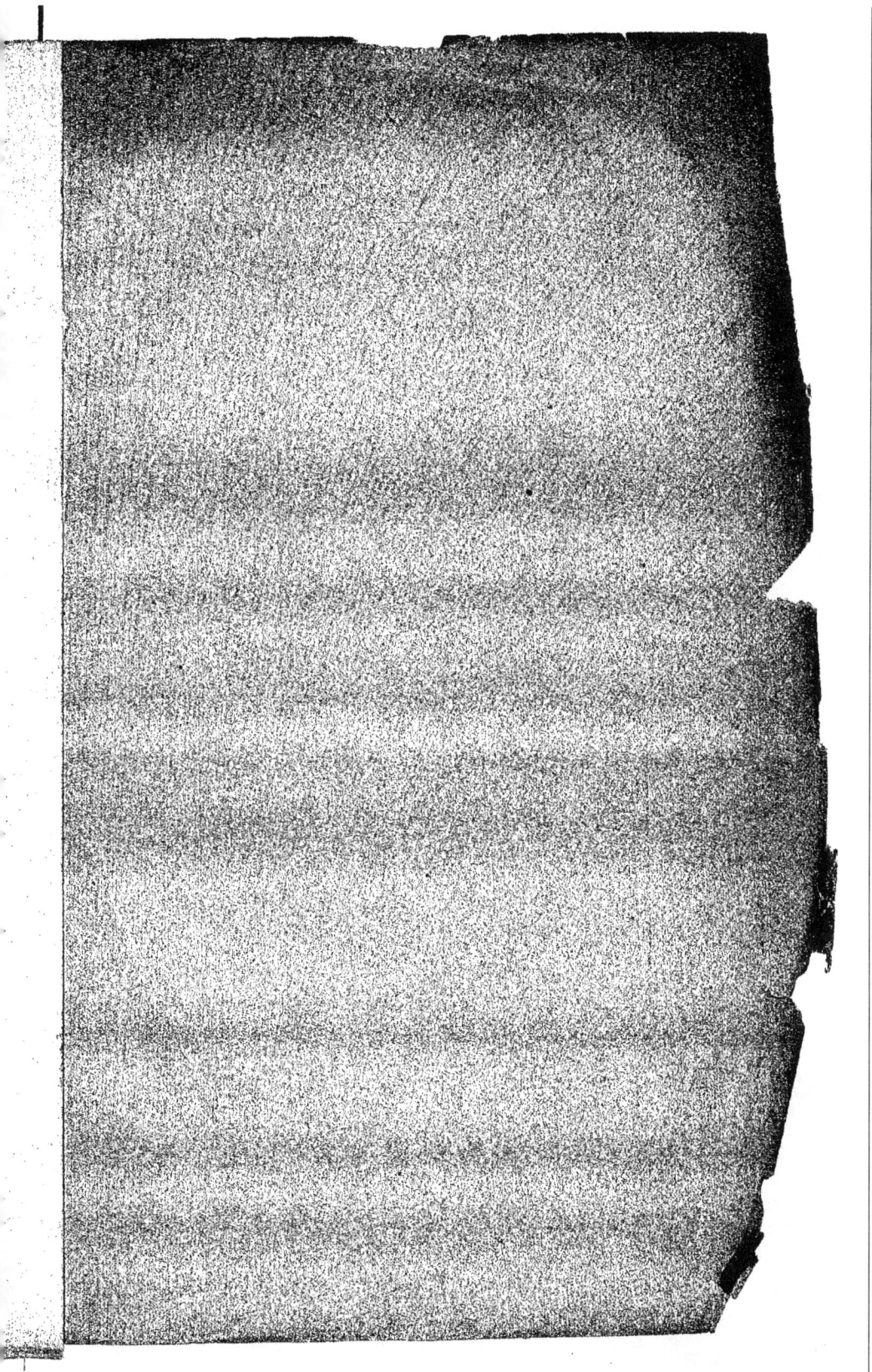

www.ingramcontent.com/pod-product-compliance
Lightning Source LLC
Chambersburg PA
CBHW062008200326
41519CB00017B/4719